[日] **野口真人**

著

Noguchi Mahito

精准
努力

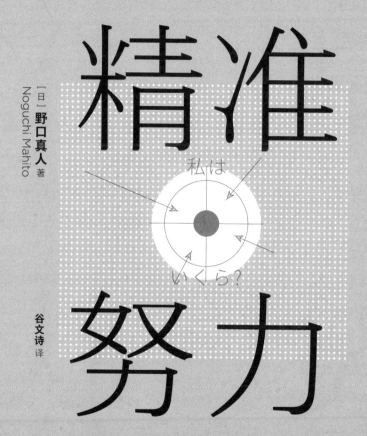

谷文诗 译

九州出版社

JIUZHOUPRESS

目录

序章

"你值多少钱？"

如果有人对你问出这个问题，你的内心会是何种感受？

也许你会心头一颤，开始思考自己究竟价值几何。

也许你会满不在乎，根本不去考虑这一问题。

也许你会愤愤不平，认为人的价值根本不可以用金钱去衡量。

然而在当前这个时代，一个人既然从事着某项工作，就必须清楚自己究竟值多少钱。也就是说，在这个时代，我们不但要精确地了解自己的价值，还必须不断提升自己的价值。

至于为何需要了解自己的价值、如何提高自己的价值，相信在阅读本书之后，你会寻找到答案。

下面，请继续思考另一个问题。

今后，你准备在一家什么样的公司走上一条什么样的职业道路呢？

也许你会回答："我会为现在供职的企业奉献终生。"

然而这仅仅是你个人的打算，公司方面未必会和你的想法相同。如果公司经营不善，必须裁减员工，那时候还会继续雇用你吗？你能体现出值得被继续雇用的价值吗？

也许你会回答："我迟早会跳槽或者自己创业。"

有些人想当然地认为，既然自己在目前的公司中做出了成绩，那么在新的职场中应该也会受到好评。可你又是否能够断言，即使没有前公司的品牌与支持，你也可以和之前一样在新职场大显身手？

有些正处于求职阶段的毕业生认为，当前的就业环境属于卖方市场，无论面对什么企业，自己都可以轻松应聘成功。然而，企业的招聘标准并没有下调，与从前相比反而提高了。如果求职者抱着处于卖方市场的优越感不认真准备，那么，即使成功进入企业，也无法长期停留，一旦被公司认定为没有雇用的价值，就会失去这份工作。

无论你有着何种职业规划，都需要牢记一点：现代企业只需要金融价值高的员工，没有例外。

当前社会就是如此，金融价值高的人在任何企业都会受到重用，而金融价值低的人则会被毫不留情地舍弃。这并不是危言耸听，而是活生生的现实，这种倾向近年来越发显著。

总结起来就是一句话：今后要想在这个社会上存活下去，就必须具备金融视角，用金融知识武装自己，提升自己的能力，成为具有高金融价值的人才。

可惜很多人还没有认识到这一现实。

我在经营公司的同时，还担任日本格洛比斯（GLOBIS）MBA商学院讲师。我的学生们都是有着自己事业的社会人士，他们虽然能够意识到自己需要到商学院进修，却并不理解"高金融价值"究竟指的是什么。

掌握许多专业知识，或是取得MBA学位，这些都只是提高"金融价值"的手段而已。我们在对自己进行投资时，如果缺乏金融视角，投资的效率必定极差。

说到这里，大家的心中一定产生了这样的疑问——为什么在当前社会生活，必须具备金融视角？

在解答这一问题之前，我们首先需要弄清楚什么是金融。

金融来源于英语"finance"一词，finance可以直译为"金融""财政""借款""投资""财务"等，用法多种多样。借贷属于金融，投资属于金融，有些企业的财务部门也叫作"finance team"。因此，很多人在听到"从金融视角出发提升自身价值"这句话时，并不能立刻反应出自己应该如何去做。

因此，本书对"金融"一词做出如下定义：**金融是评估事物价值的一种方法**，而狭义上讲，金融是评估企业价值的一种方法（corporate finance，公司金融）。

对于现代企业经营者而言，提升公司的价值即提高股价，是他们所面临的最重要的课题。想要提升公司股价，就必须了解决定股票价格的因素。而股票定价时用到的技术诀窍，以及计算企业价值时用到的逻辑推理，就是金融。

大约在十年前，我创办了一家咨询公司，主营企业并购项目中的企业价值评估业务，迄今为止，接手的企业价值评估案超过2000件。

经手过这么多的评估案后，我认识到一点，那就是与同行业的竞争对手相比，那些市值高的企业内聚集着更多的人才。之所以会这样，是因为决定一家企业价值高低的，不仅是其物质资产，还包括在其中工作的人才资产。

实际上，金融学这一套评估逻辑，不只适用于企业评估，还可以用于人才评估。也就是说，运用金融思维，不仅可以求出合理的企业市价，还可以明确人才的价值，公平地计算出一个人才值多少钱。

数字不会说谎。虽然企业内的职务以及权力平衡，只能通过相对评价的方法来确定，但通过金融理论推算出的你个人的"价值"，却是一个绝对的数字。

在对人进行评估时，金融视角是最公正、最透明的标准。

因此，如果我们可以知道自己值多少钱，了解如何计算自己的价值，就能制订出具体的方案来提高自身的绝对价值。

终身受雇于一家企业的时代早已终结，对于现代人来说，以供职于多家企业为前提制订自己的职业规划，是再正常不过的事情。即使一个人打算在一家企业内奋斗终生，有时也会出于某些因素被迫跳槽，比如企业因社会局势变化而业绩低迷。

在这样的社会环境下，如果你还是和从前一样，只掌握仅适用于当前企业的技能，那么当你离职时会怎样呢？你既找不到条件好的工作，也无法在新的公司获得好评。无论我们是否愿意，都必须承认，未来员工不仅需要提高个人在企业内的相对价值，还需要提升自身的绝对价值。而金融则是最值得信赖的评分标尺。

金融是一种具有普遍性的评分标准，不受地点与时代的制约。本书秉持这一准则，利用一个简单的数学公式，具体介绍了提高自身绝对价值的方法，令你无论供职何处，都能够收获好评。

看到"金融"一词，也许会有人认为本书晦涩难懂。实则不然。我在书中介绍的方法并不复杂，非常通俗明了、简单易学。

此外，本书还是一本介绍金融理论本质的学科入门书。我尽量不使用专业术语，方便没有金融基础的读者理解。阅读本书之后，大家应该会对"金融是什么""应该如何提高企业、人才的市值"等问题有所了解。

不是只有企业经营者和投资家才需要掌握金融知识，对于中等收入群体来说，掌握基础的金融知识也是必备的技能。

阅读本书，你会在了解如何提高自身绝对价值的同时，掌握基本的金融素养。我不敢妄称本书能为读者带来巨大的收益，只要它能在你的人生中起到小小的推动作用，我就心满意足了。

第1章

企业可以为你增加多少价值?

只要是公司的命令，无论有多不符合常识、效率有多低下，都无条件服从；只要上司说一件东西是白的，哪怕它其实是黑的，也要附和着把它说成是白的——这种员工被称为"社畜"，也就是公司圈养的牲畜。"社畜型"员工大受赞扬的时代早已过去。

为了公司而牺牲自我、努力工作，乍看上去像是一种美德，我们往往认为公司也会赞扬这种做法，然而现实却并非如此。

那些不会违背命令、听到什么都连连点头称是的员工，对于企业来说的确使用起来非常方便。从这个意义上看，他们在公司内部多少能够获得一些好评，如果运气比较好，还可能混个课长（部门主管）当当。

然而，这种"好评"归根结底只是在这家公司内部才有效，根基不牢，一有变故就散了。如果公司业绩下滑，必须在"盲目顺从的员工"与"能为公司带来利益的人才"两者间择一裁员，毫无疑问，前者一定会出现在辞退名单中。

而这些"盲目顺从的员工"开始寻找新工作时，就会惊讶地发现，自己之前一直在做的事情只适用于那一家公司。

我们为之奋斗的目标，并不是成为一个为公司尽忠尽职的员工，而是要成为可以为公司带来利益、对公司不可或缺的人才。要做到这一点，就必须带着问题意识去完成工作，而不是受限于那些只在公司内部适用的"常识"。

企业赞赏的是"创收能力高"的员工

企业所需人才的类型随着时代的发展而不断变化。

例如，日本从"二战"结束到经济高速增长的这一时期，是只要售出商品就可以赚钱的时代。对于当时的经营者而言，如何提高销售额就是最重要的课题。因此，能够拼命卖出商品的员工是企业最重视的人才。

然而，随着时代的变化，市场逐渐成熟，竞争日趋激烈，单纯依靠原有业务来营利也变得越发困难，于是股东们开始向企业的经营者抱怨。经营者们的应对措施是：趁着经济泡沫期拼命借款增加资产，以期获取资本利得。

但这样做，企业的盈利只能是昙花一现：众所周知，经济泡沫不久就破裂了，众多企业因此遭受巨大损失。之后很长一段时间，日本都陷于以"裁减员工"为重要经营指标的经济低迷时代。

如今，经济低迷已告一段落，日本企业终于开始重返正轨，即开始追求现金流，努力提高"企业价值"（股票总市值）。

提高企业价值是当代经营者最重要的任务。努力经营公司的经营者，没有一个会否认这一点。至少对上市公司而言，如果经营者不去努力提升企业价值，就会遭到股东的控诉。

这样一想，我们自然就可以在脑海中描绘出受企业欢迎和需要的人才形象——能够增加企业价值，即有能力创造现金流。只要能满足这一条件，即使这位员工有些奇怪、有些叛逆，公司也绝对不会轻易放手。

2014年获得诺贝尔物理学奖的中村修二就是一个极好的例子。从电视节目采访中可以看出，中村修二是一个非常怪的人，据说他在日亚化学工业株式会社工作时，只要投入研究中，就不接电话、不参加会议，违反公司指示简直就是家常便饭。在获奖后，他还发表了颇具挑衅性的言论，称"愤怒（anger）是研究的原动力"。他无论如何也称不上是好用的员工，认为他难以相处的上司应该也不在少数。

可即便如此，公司也没有放开他，因为他们认识到他是一个可以创造经济利益的人才。

事实上，中村修二发明的蓝色发光二极管为企业带来了巨大的收益。而他本人从日亚化学工业辞职后，也收到了众多的邀约，至今仍然作为研究人员活跃于世界舞台。

我们努力的目标，就是要成为中村修二那样可以创造出现金流的人才。这样的人才不仅受企业欢迎，还能跨越国界赢得全球性的赞誉，被世界人民所需要。

用同一个"公式"算出企业和人的价值

我现在的主要工作就是评估"企业价值"。从本土银行辞职后，我又供职于外资银行和证券公司，2004年成立了自己的咨询公司。在这十年间，我经手的企业价值评估案达2000

件以上。

所谓企业价值评估，顾名思义，就是评估一家企业现在的价值是多少。一般来说，股票总市值（每股股票价格 × 发行总股数）就是公司的现值，但市场并不一定总是正确的。当一家企业收购另一家企业时，必须重新考虑所收购企业的合理价值是多少，如果收购价格过高，就会损害本企业股东的利益。

那么企业的合理价值又该如何计算呢？首先需要算出这家公司未来可能创造出的现金流量，然后再计算现值。也就是说，决定现值大小的，并不是企业现有的资产数量，而是它将来能够创造的现金流量。

要求出企业或业务的"现值"（Present Value，PV），必须经过一番复杂的逻辑推理，但究其根源，其实就是一个公式。

现值（PV）＝未来现金流量的平均值（CF）÷ 折现率（R）

现金流量是指现金流入（营业额）减去现金流出（费用支出）后，剩下的现金数额。简单来说，我们可以将现金流量看作利润（严格来讲，现金流量与利润是两个不同的概念，这里为了便于理解，将现金流量近似于利润处理）。

另外，我们将折现率看作该企业之前定好的固定利率。它与生活中常见的银行存款利率完全不一样。详细情况会在本书第3章中进行说明。

无论是家庭经营的小企业，还是像丰田那样的世界级大公司，只要使用这一公式，我们就可以对其现值进行评估。这一公式不仅可以计算企业的价值，还可以计算某笔特定的生意的价值、金融资产的价值，甚至是"人的价值"。

你的现值，就是你将来可以创造出的现金流量除以你的折现率后得到的数值。提高自己的价值，实际上就是提高自己的现值（PV）。

"PV = CF ÷ R"有何深意？

为了便于读者理解公式的含义，我将通过以下具体事例进行说明。

例如，你打算买一套新建成的公寓，总价5000万日元。公寓的定价，是由地价、建筑费等建造公寓所必需的花费，加上房地产商的利润所得到的。

但是在金融学中，建造公寓所花费的成本价（cost）以及它所带来的利润，并不是公寓的价值。因为无论是多么奢华的公寓，都无法确保其他人也会认可它值5000万日元。

公寓真正的价值是被他人认可的价值，即这间公寓所能挣得的年租金（现金流量）除以折现率（利率）后得到的数值。

如果你的公寓出租后每月可以获得30万日元租金，公寓的折现率为6%，套用上述公式，则公寓的价值为"（月租金×12个月）÷6%＝（30万日元×12个月）÷6%＝6000万日元"。如果用5000万日元可以买到价值6000万日元的公寓，这笔买卖就非常划算。

如果公寓的月租金只有20万日元，则公寓价值为4000万日元，花5000万日元去买就太贵了。

企业的价值也是一样。日本电产株式会社在进行企业收购方面非常出名。资产负债表显示，2015年3月这家企业的总资产约为1.35万亿日元。也就是说，若想将这家企业名下的土地、厂房、设备等资产收为己有，必须支付这个金额。

然而从金融学的角度来看，这家企业的价值应该是其每年可以创造出的现金流量（约1300亿日元），除以其固有的折现率（5%）后得到的数值，即2.6万亿日元。这就表明，这家企业的价值是其实际资产的两倍。

而在实际的股票市场中，日本电产株式会社2015年6月的股票总市值为2.7万亿日元，几乎与上面计算出的价值相同。

该企业的负债数额与其股票总市值相比小到可以忽略不计，因此，由现金流量计算得出的企业价值，几乎就等于它在股票市场上的价值。

用金融视角透视未来的方向

"PV＝CF÷R"这一公式浓缩了金融理论的精华。毫不夸张地说，懂得了这一公式，就能理解金融学。专业的金融书中有大量复杂的公式，多到令人厌烦，而本书中只会出现这一个公式，希望大家可以牢牢记住。

人们常常会认为只有那些在金融行业工作的人以及投资者才会运用到金融理论，其实，人们在日常生活中也常常用到金融学的知识。而在处理这些生活中的问题时，"金融思维"要比专业的金融知识更加重要。

下面我会通过一个具体事例解释什么是金融思维。

假设一个人想要学习英语，正在犹豫选择英语会话学校A还是B。在A校可以学到高水平的商务英语，但是学费很贵，要花费100万日元。在B校只能学到日常对话水平的英语，但学费仅需要5万日元。

这种情况下，这个人应该如何选择呢？

他可能会认为，虽然学费较高，但商务英语也许对今后的工作有所帮助，所以应该选择 A 校；他也可能为了尽量减少开销而选择 B 校。以上两种凭直觉做出的选择都是错误的。

我们需要根据他的自身状况来寻找正确答案。如果他就职于外资企业，掌握了商务英语，个人工资总额可以增加 100 万日元以上，足以弥补学费的损失，那么就应该毫不犹豫地选择 A 校。如果他学习英语只是为了结交外国朋友，或是希望在出国旅行时能够张口说一点，那么就应该选择 B 校。

在思考是花 100 万日元还是 5 万日元交学费时，要根据将来的情况做出判断，而不是仅仅依据眼前的情形。如果认为回报大于投资，就可以把钱花在这上面。这就是金融思维的决策方式。

有金融视角的人才为什么抢手？

人们为了求出企业现值（PV）等的合理价格，编写出了金融理论。知晓了事物的合理价格，我们就不会再犯花高价钱买低价值商品的错误，既可以买到物美价廉的好物，还可以把钱投资到有发展前途的领域。

实际上，很多企业现在都非常需要具有金融视角的人才。而这一切发生的大背景，正是企业决策的精简化。

很久之前，商业判断主要是公司高层的工作。是否要进军新的业务领域、是否要从现有业务中退出等重大问题，往往要由企业的总裁和董事会来决断，基本不会征求普通员工的意见。

但近年来，大家越来越追求经营管理的速度，如果还采用之前那种慢悠悠的决策方式，难免会在竞争中丧失先机。因此，那些过去由总裁和董事会决定的事项，开始逐渐被"下放"。所以，采用事业部制的企业数量逐渐增多，在一线工作的管理层也越来越多地参与到重要决策之中。

即便如此，具备金融知识的员工仍然数量极少！

在做出与企业经营有关的决策时，金融知识是不可或缺的，可惜日本在这一方面还非常落后。我在MBA课上与已经步入社会的学生们打交道时，也深切体会到了这一点。很多学生虽然懂得一定的市场营销知识，但对金融毫无兴趣。

今后，金融知识毫无疑问会成为中等收入群体必备素养。即使你供职的部门与管理毫不相关，但如果不懂得金融知识，你同样无法大显身手——这样的时代终于到来了。

正因如此，我才希望大家能够掌握金融思维。当前社会上精通此道的人才稀缺，所以金融素养就是你在职场上的重要武器。

我们试着从另一个略有不同的角度，分析"具有金融价值的人"，或者说"可以创造现金的人"对于企业的必要性。

一般在提到经营的三要素时，我们都会说"人员、商品、资金"，可你是否考虑过这三个词为什么会以这样的顺序排列呢？

将"人"放首位，并不是总裁在故意讨好自己的员工。"人员、商品、资金"这一顺序，其实是由各个因素对企业的重要程度决定的，对企业最重要的就排在第一位。

如果我们去分析资产负债表，就会清楚地感受到这一点。

资产负债表的左侧是商品、库存、房产等"资产"项目，右侧是从银行拆借的贷款等"负债"项目，以及从股东处收集来的"资本"①项目。简单来讲，右侧筹集来的资金的总额，就是购买左侧资产所花费的总额，因此该表左右两侧的数额必定处于平衡状态。

换个角度看，将资产负债表中的资产全部卖掉，从中扣除负债额，剩下的就是股东应得的份额（资本）。

例如，假设有一家企业 A，其资产负债表中的数据以账面

---

① 为便于理解，作者在这里做了简化处理。确切来说，资产负债表右侧为"负债"和"所有者权益"。——编者注

表1　A公司的资产负债表一

以账面价值为基准

	资产	负债及资本
流动资产	现金、存款	负债 10亿日元
	应收账款	股本 （股东应得份额） 20亿日元
	商品、库存	
固定资产	土地、建筑物	

价值为基准，表格中现金、存款、商品、库存、土地、建筑物等资产的总额为30亿日元，将这些资产全部卖掉后，扣除10亿日元的负债，剩下的20亿日元就是股东应得的份额。见表1。

但如果这家企业是上市公司，它的股票（股票总市值）未必就会以20亿日元的价格进行交易。以日本电产株式会社为例，股票的交易价格有时会高出原本价格几倍，这种情况并不少见。如果A公司股票交易价格是原本价格的两倍，即40亿日元，资产负债表又会发生怎样的变化呢？

在以市价为基准编制的资产负债表中，右侧的10亿日元负债与40亿日元的股票总市值相加为50亿日元，如果左侧的资产依然是30亿日元，则左右两侧的数额无法取得平衡。为了保持资产负债表的平衡，我们必须将左侧资产的市价也看作50亿日元。见表2。

企业资产的市价（企业价值）是50亿日元，而在清算企业资产时得到的却是30亿日元。这中间存在着20亿日元的差价，应该如何处理呢？

其实，在A公司以账面价值为基准编制的资产负债表中（表1），有一些资产没有被写进去，这一部分未被计入的资产恰好可以弥补那20亿日元的差额（表2）。

表2　A公司的资产负债表二

以市价为基准（基于股票市值）

	资产	负债及资本
流动资产	资金 （包含商品、库存）	负债 10亿 日元
固定资产	物品 土地、建筑物 看不见的资产 品牌力 人员 （按照从下向上的顺序，创造现金的能力越来越弱）	股票总市值 40亿日元

所谓看不见的资产，其实就是"人员"及"品牌力"等无形资产。

在A公司的资产负债表中，有形资产的价值虽然只有30亿日元，但随着这家企业的持续经营，它的资产中还会加入人员、品牌力等项目，而这些项目会产生20亿日元的价值，企业资产总价值就变成了50亿日元。股东抱着上述想法，才会以40亿日元的价格进行股票交易。

换言之，人才力与品牌力弱的企业，股东们根本不屑一顾，这家企业也就没有办法完成提高股票总市值这一对于当代经营者而言最重要的任务。

企业最重要的资产是人才

让我们再次将视线转到资产负债表（以账面价值为基准）的左栏。

左栏为资产部分，各项目按照变现的难易程度排列，越易于变现的项目越靠前，这是会计工作的一项规定。具体顺序如下：排在最前面的分别是现金、存款、应收账款，紧接着是商品和库存，最后是土地、建筑物等固定资产。

在会计工作上，我们将"容易变现的物品"看作优秀的资产。如果现金不足，企业就会倒闭。因为会计工作着眼于企业财务的稳健性，所以才会产生这种观点。

而在以股票市值为基准编制的资产负债表中（表2），固定资产项目后面还有"人员""品牌力"等无法变现的项目。从金融角度（市价基准）评价企业的价值时，各个项目是按照"人员、品牌力→固定资产→商品、库存→现金、存款"这样的顺序从上至下排列的，与以账面价值为基准编制的资产负债表完全相反。原因就在于，在金融学中，优秀的资产是指"将来能够创造高额现金的资产"。

把现金存入银行，只能获得极少的利息，基本上无法创造出新的现金。商品卖掉之后转换为现金，但它所创造出的现金的数量无法超出它的价格。土地、工厂等固定资产，在将来可以创造出租金与商品，因此它们创造现金的能力要大于商品本身。

而具有比固定资产更大的创造现金能力的项目，就是人员与品牌力。无论拥有多么先进的工厂和设备，如果没有能够将其有效利用的员工，这些东西也无法发挥应有的作用，无法创造出巨额的现金。

例如，丰田汽车公司之所以能够成长为世界级的大企业，正是因为它采用了"看板管理"等多种生产管理方式，这些方式使其得以凌驾于其他公司之上。丰田公司的总市值位居日本第一，创造公司价值的并不是那些最尖端的工厂和设备，而是操作和使用这些工厂与设备的员工的智慧、公司的组织结构以及品牌力。

我们现在再来思考最初的那个问题："人员、商品、资金"

这样的排列顺序究竟意味着什么呢？

前文已经解释过了，这三者是按照"未来创造现金能力"的强弱进行排序的，也就是说，这一顺序体现出各项资产对企业而言的"优先程度"。**有些企业会将"人才"写作"人财"，这也正好反映出人员才是企业最重要的财产**。如果没有人，企业就没有办法为自家公司的产品和服务增加附加价值，股价也就无从上涨。

因此，希望大家今后可以朝着"成为一个能够创造现金流的人"这一方向努力。这不仅可以提升你个人的价值，还可以提升你所在公司的价值。

"有钱"不代表"会赚钱"

在金融的世界中，"钱（现金）"是绝对的标准。

但是，这并不表示"有钱的人很了不起"。通过之前资产负债表的例子我们可以知道，重要的是将来可以创造出的现金流量，而不是当前所拥有的现金数额。

这一观点并没有什么特别之处，实际上，包含我们自身在内的世界上的普通人，都会有相同的价值判断。

例如，在英语中，人们将世袭了数代的资本家叫作"old money"。它指的是那些家中世代都是大地主，即使不用工作也能在社会中生存的人。

大家对于这些"old money"有什么看法呢？

人们虽然会发出"好羡慕啊"这种艳羡的感叹，但却不太会认为他们是"特别优秀的人"或"非常有能力的人"。其原因就在于他们并没有依靠自己去创造现金。

无论他拥有的现金数额多么巨大，我们都无法仅凭这一点就认为他本人具有很高的价值，也无法给他很高的评价，或是对他抱有很大的敬意。

相较于有钱的人，能赚钱的人价值更高——这条观点不仅适用于金融世界，在普通世界也一样通用。

本书基于这一"常识"，探索可以将赚取现金的能力最大化的方法，而不是告诉大家如何攒钱。

为收取100日元的存款，而广发1000日元的存折

面对领导为自己定下的目标，如果不深入思考就盲目接受，即使努力工作，公司也不会认为你是一个"拥有较高创造现金

能力的人"。

很多时候，公司为刚入职的销售人员定下的目标并不是现金流量。下面，我将结合自身经验，谈谈完成销售目标与创造现金流量这两件事之间的差异。

我在大学毕业后进入银行工作，被分配到大阪府境内的支行。总行每个月都会要求支行完成许多目标，类似于要增加几个亿的存款、增加几个亿的贷款等。有一个月的目标是"增加存款账户数量"，领导指派我到支行周围出外勤。我带着印有银行广告的赠品（记得好像是印有银行标志的风车）去拜访附近的居民，不停地拜托他们到我们银行开个新账户。不只是我工作的银行会制订这种目标，当时几乎所有的银行都会这样做。

最近几年，即使是开设普通存款账户，手续也很复杂，但在当时，只要有印章就可以马上开户。因此，当时的外勤工作并没有那么困难。那些住在附近的大妈们口中说着"你年纪轻轻的真是太不容易了"，然后便会开个新账户。可即便如此，想要完成目标，还需要有相当大的体力和忍耐力。

虽然公司定下的目标必须努力完成，但在完成目标的过程中我渐渐感到无聊和愚蠢。因为即使像这样出外勤，银行也并不会因此盈利。这样说可能有些不太礼貌，但我负责的那片区域并没有什么富裕人家。即使银行在这些区域的账户数量增加了，存款数量也很难增加。人们在开新账户时，需要存100日元进去，但之后基本就不会再使用这个账户了。

而银行发行一本存折和一张储蓄卡，大约需要1000日元的成本。为了收取100日元的存款而花费1000日元，现金流量就为负900日元。因此，每次制作存折银行都会有亏损。

当时的我并没有"不能让公司遭受损失"这种了不起的想法，只是感觉自己的工作并没有什么意义，干起活儿来没什么动力，最后把那些小赠品扔到路边的垃圾桶里，就返回公司了。

如果我们从现金流量的角度出发，就会发现这种盲目增加账户数量的策略简直愚蠢至极。如果要出外勤，就要同时考虑现金流入（存款带来的利润）和现金流出（发行存折的成本）两个方面，去接近那些可能会让银行获利的目标客户，这才是正常的做法。

这件事看起来理所应当，但现实中却有很多企业做不到。很多员工或是意识不到公司提出的目标不合常理，或是意识到了也假装不知道。过去那些银行职员也意识到了"这样的外勤工作毫无意义"，但还是抱着"目标就是目标，只能完成"这样的想法"努力"地工作，结果使企业蒙受损失。

你的情况又是怎样呢？是否也只注意到公司为你定下的眼前的目标和销售额，而没有考虑到完成目标所花费的成本呢？

提升自身价值，就是创造现金流量。有时候公司制定的方针可能会使现金流量出现负增长，如果你唯唯诺诺地服从，你个人的价值与公司的价值就都会受损。有时候我们确实没办法反抗公司的决定，但至少要对此抱有一种怀疑的态度，要意识到它不正常。这一点非常重要。

最近银行比较重视现金流量管理，所以不会再制订这样的目标。现在，银行即使收到了一笔数千万日元的存款，也不会专门打电话给储户表达谢意。因为现在的存贷利差（贷款利息与存款利息的差额）极小，几千万日元的存款并不会产生多么大的现金流量。

说几句题外话，就在我放弃出外勤并且把小赠品全部扔到垃圾桶的第二天，垃圾桶的主人就把投诉电话打到了银行。幸好接电话的职员和我的关系很好，他非常圆满地解决了投诉，没有惊动上司，我这才得以逃过一劫。如果被上司知道了，肯定免不了一顿训斥。

我自己也在反省，扔掉赠品这种做法其实同样愚蠢，而且太过草率。

"现金"是最公正透明的评价标准

说到评价一个人的标准，我们脑海中立刻浮现出的，可能是其供职公司的规模、个人在公司内的职务、学历以及拥有的各种资格证书等。

但是，以上这些全部都是相对标准，并不能绝对地体现出一个人在组织中做出了多少贡献。我们以职务为例，不同组织内的各个职务重要性不同，即使在同一组织内，有时也很难比较出孰高孰低。日本银行中有"次长"和"代理部长"两个职务，外人根本看不出这两个职务哪一个地位更高。

让我们再次回到本节的标题上来。在评价一个人时，最透明、最公平的标准，就是这个人创造出的现金流量。

有些读者可能非常反感将人的价值换算为现金、将人用钱的单位来表示。但我却认为，没有比现金更加公平的评价标准了。

即使是同一家公司内的同一个岗位，也有能赚钱的员工与不能赚钱的员工之分。而能赚钱的员工也分为很多种类，例如花起经费来毫不手软的人和切切实实节约经费的人。要想评测出他们每人对公司做出了多大的贡献，最合适的评价指标莫过于每人为公司带来了多少现金流量（从赚取的利润中减去花费的经费）。

不仅是销售部门如此，行政、财会、技术等被称为"成本中心"的岗位也毫不例外。对成本中心的员工进行评判时，要从"他的工作使效率提高了多少、成本减少了多少"这些角度进行考察，而不是"他创造出多少收益"。

我们再从另一个角度来思考，如果没有现金流量这一标准，情况又会如何呢？恐怕受到好评的就都是那些擅长对上司溜须拍马、圆滑世故的人，真正对社会做出贡献的人反而只能抽到命运的"下下签"。

如果将现金流量作为评价标准，员工对待工作的方式也会发生相应的改变。他们会对隐藏在工作中的资源浪费十分敏感，会更加高效地工作，也能及时发现"为了收到100日元的存款，需要发出成本为1000日元的存折"这种矛盾。

也就是说，员工不再只盯着眼前的工作，他们会仔细观察周边的情况。这样一来，他们就知道如何增加现金流入、如何减少现金流出，最终也就能够创造出更多的现金流量。以现金流量作为评价个人的标准，是我们提高自身价值的第一步。

"职务"无法创造现金流

再次重申，一个人作为公司员工，他的价值单位是"元"，决定其价值的，是其创造出的现金流量的大小。如果我们按照这一标准来提升自己，必定会得到高评价。即使从现在的公司辞职，换到一家新的公司或是自己创业，我们的价值也不会减少。

与之相反的，是那些将职务看作自身价值的人。无论是何种行业、哪家公司，这类人都大量存在。

我不久前遇到的一位"咨询顾问"就是这一类型。

这个人早年间从某家大银行辞职，自己成立了一家咨询公司。他给我看了公司的宣传册，我发现上面写的都是他在银行工作时的事情，其中并没有写明"我在银行工作时取得了怎样怎样的业绩"，而尽是罗列一些"我某某年进入某家银行工作""某某年升职为某家支行的支行长""我的继任者某某某后来成了该银行的行长"等内容。

客户想知道的并不是你在银行工作时期的职务，而是你在咨询公司做出的实际业绩，但是这些信息在宣传册中却毫无体现。询问他的公司有哪些业绩，他的回答也含混不清，怕是并没有什么拿得出手的业绩吧。

虽然如此，他仍自视甚高，言谈举止间总是带着一种高高在上的态度。顾客是不会和这种人做生意的。只依靠职务，而不去提高自身价值的人，最终容易走上穷途末路。

只有在供职期间，公司的招牌和内部职务才能被拿来使用。你的背后有大银行做支撑，客户对你的态度也应该不会太差，如果名片上又写着支行长，对方的态度就会更加热情。

但是，对方的这种行为说到底只是对你的公司和职位表示尊敬，而非对你个人表示赞赏。如果你从银行辞职，背后没了那块招牌，你就只是个"普通人"，即使再到曾经的客户那里谈生意，对方恐怕也会翻脸不认人，对你不理不睬。

我自己也是从大企业辞职后才创办了自己的公司。公司刚成立时，我也确实感受到了创业和做职员的巨大差异。

这种"职务病"在大企业员工身上比较多见。将职务的力量与自身实力混为一谈，之后往往会尝到苦果。如果你不想成为这种人，**就请将自己的目标设定为提升自身价值，而不是获得一个体面的职务**。

想要养成用金融思维去思考每一件事情的习惯，最好的方法就是想象自己在"内部创业"。

我们平时说的"内部创业"，是指在公司内开辟新业务。运营新业务体系就像运营独立的创业公司，但我在这里说的"模拟内部创业"并没有这么夸张。你只需要在工作中将自己看作"个人有限公司"的总经理，将自己的座位看作总经理办公室就可以了。

如果将自己当作总经理，我们每天所做的工作就会完全不同。

对于一个销售人员而言，能够获得订单也许就已经合格了，但对于总经理而言，仅做到这一点还远远不够。总经理的使命是提升企业的现值（PV），根据"$PV = CF \div R$"这一公式，在寻找可以增加现金流量（CF）的方法的同时，还必须设法使折现率（R）达到最小。关于折现率，本书会在第3章进行详细说明，简言之，想要降低折现率，最重要的是要推进一些可靠性高的业务。

想象自己在"内部创业"，具体可以带来哪些变化呢？首先，我们会开始用长远的眼光考虑问题，思索如何长期创造现金流量，而不只拘泥于眼前的利益。

如果我们以普通员工的立场看问题，虽然商品有点小问题，但是为了完成当月的销售额、获得更多的奖金，我们也会拼命向顾客推销，让他们购买。如果顾客事后进行投诉，就推给上司去解决，实在不行，大不了辞职跳槽。

但如果站在总经理的立场去工作，我们重视的就是如何与客户保持长期稳定的合作关系，而不是拘泥于眼前的蝇头小利，完成销售任务时也就不会随心所欲、毫无章法。

站在总经理的立场去工作，我们在完成销售任务时还会带着成本意识，不会仅仅为了提高销售额就轻易降价。即使是在公司处理业务，也会考虑到员工的能力和人员开支，思考将工作交给谁来处理效率最高。

此外，我们对同事和上司的看法也会发生变化。

如果我们将自己看作总经理，那么同事和上司就不再是与我们同公司的人，而是顾客和合作伙伴，是外部人员。这样一来，我们在考虑与对方的关系时，就不会再考虑他与自己是否合得来、他性格温柔还是严厉等表面喜好，而是"这个人能否为自己创造现金流量""如何利用这个上司来增加自己的现金流量"等深层次的问题。

将自己看作总经理，常常用金融思维思考问题、指导工作，

我们为公司带来的现金流量就会增加，自身的价值和公司对我们的评价也会提升。

如果抱着"我反正就是个打工仔"这种想法工作，就不会产生这种效果。

我们也许会为了完成眼前的营业额不顾后果地向顾客强行销售，也许还会全然不顾公司的利益浪费工作经费，总之就是会放松对自己要求。

带着这种想法的人，永远也无法掌握金融思维，也无法提高自身价值。如果此时大家的内心受到了一丝触动，那么就从明天开始尝试"模拟内部创业"吧。

老板为什么会亲自打扫玄关？

经营者与员工（被雇用者）的差别在哪里呢？

一些极端的例子可以回答这个问题，那就是"总裁亲自清扫公司办公大楼的玄关"这类的小故事。我们在讲这类故事时，基本是在赞扬"即使身居高位也要不忘初心""对顾客要常怀感激之心，保持玄关干净整洁"等诸多品德，但我自己却认为，经营者清扫玄关的理由并没有如此崇高。

他们清扫玄关，可能仅仅是因为，对于经营者而言，公司是自己的财产，必须要珍惜。

无论是谁，对待"自己的东西"都要比对待"别人的东西"更加小心、更加珍视。有些人在公司里看到地上有垃圾并不会捡起来，可是在自己的家中却会将地板认真打扫干净。经营者也是这种心态，他们只是想要把自己的公司打扫干净罢了。

虽然理由揭秘之后非常无聊，但这才是我希望大家能够明白的经营者真正的心理。

公司是自己的，经费都是从自己的钱包里拿出来的。带着这样的想法工作，自然就不会乱花经费，成本意识也会增强——如果工资涨了，自己就必须给公司带来相应程度的现金流量。

每天抱着经营者的心理去工作，你在公司的信用就会提高，为公司带来的现金流量就会增加，最终自己的价值也会提高。

升职公式只是个传说

金融价值高的人，无论从事哪种行业、供职于哪家公司，都能受到好评。但这种好评并不一定是来自公司"人事"方面的好评。

虽然大家都觉得，最近强烈地想要出人头地、升迁发迹的年轻人数量有所减少，但也不能说完全没有。即使有人嘴上说着对升职这件事没什么兴趣，那也是他为了保护自己拉起的一条防线，一旦在竞争失败，多少还能有个借口。其实在内心深处，他还是不想输给与自己同期入职的员工。

想要升职本身并不是什么坏事。对于一个员工来说，希望自己的能力得到应有的评价，是很正常的事情。

但是，请大家记住一点：获得别人的好评未必会和升职联系在一起。因为升迁可以说是某种"时运"。

我进入银行工作差不多是在30年前，那个时候的升迁竞争比起现在要激烈得多。400多名同期入职的同事，目标基本上都是"我要升迁，要当董事，有机会的话还要当董事长"。即使大家没有说出口，我们也都知道大家怀着共同的野心。当然，我也不例外。

在那种状况之下，入行没多久就早早升职、甩下其他人一大截的同事们，基本上都在人事部、经营企划部、总行营业部等热门部门工作。特别是在银行里，人事部拥有极大的权力，被分到这个部门就表示你肯定会升迁。

但是，这些前途大好的精英们虽然能够升到某个职位，但却不可能人人都做到董事。原因很明显——董事的人数是有定额的。

无论你多么优秀，只要碰到一个比你稍稍能干一点，比你运气稍稍好一点的人，你都得在升迁的道路上给他让位。

顺便一提，我在辞职很久之后听说，当时我们觉得非常有前途的几个同期入职的同事，没有一个达成了自己的目标。原因就是他们所在的银行后来和其他银行合并了，成为董事的竞争更加激烈了。

在我认识的同期入职的同事中，只有一个人成功升迁为董事，不过他出身于技术部。

银行的技术部与总行营业部等热门部门完全相反，是一个很难获得什么好处、非常低调的部门。因为它并不是营业部那种可以实际挣钱的"利润中心"，而是会耗费经费的"成本中心"。

这位同事就职于非经营路线的技术部，最终却成功升至董事，依靠的自然是他自身的努力与能力，但也离不开"时运"的因素。

听说银行在合并时发生了大规模的技术问题，高层从中吸取教训，认为董事里必须要有一个懂技术的人，于是这位拥有极深技术部工作资历的同事便脱颖而出。

如上所述，人事变动是由外部因素决定的。本人的努力自然也非常必要，但同事们都在拼命努力，彼此间很难拉开差距，因此并不存在什么公式可以让你成为董事。

而且如前所述，如果模拟内部创业，我们就已经是"总裁"了，没必要卷进周围的升迁竞争之中。我们应该做的是静静旁观，将精力集中到提升自己的价值上来。

不必每每为升职操心

人事升迁是时运的问题，即使努力了，也未必会有结果。因此，如果我们将升迁作为工作目标，就总会处于一种不满的状态——"我明明这么努力了，却没有回报"，时间久了就会产生很大的精神压力。

我在做银行职员时就有这种情况。不仅是我，对当时的银行职员而言，升迁就是他们的存在理由，因此大家都对人事变动非常敏感，每次任免书下来，心情都会跟着或喜或忧。当然，如果有同期入职的同事比自己升职早，或者调到了当红部门，自己的内心都无法平静。

但升迁是时运的问题，无论你为了它有多么心神不宁，还是无能为力。所以，担心自己能否升迁其实就是在浪费时间。

而且，人事评价说到底就是一种相对且主观的东西。各个公司的人事评价标准都不一样：这个人和某某相比在哪些方面非常优秀，或者这个人和公司的企业文化非常匹配，或者这个人属于某某派系，再或是上司比较喜欢这个人等。即使你在公司内获得好评、升迁到某职，一旦你离开了这家公司，这些东西就毫无意义，因为这些评价标准都只是你所在公司自己的标准。

与其去在意这种不确切的评价、为人事信息所摆布，还不如将人生的船舵转向提升自身价值（PV）的方向上来，这样更有建设性。

关于提高自身价值的方法，本书会在第2章进行详细说明。但这里还是要说一句，想要提高自身价值，就要每天带着"做些什么才能让明天的自己比今天的自己更有价值"这种想法去工作。做到了这一点，我们就能发现很多以前没有注意到的事情。

和升迁不同，PV不会背叛你付出的努力。只要你努力，PV就会确确实实地有相应的增长，而且这种价值是你走到哪里都会通用的。提高PV不需要通过与他人比较来判断自己有没有进步，因此也就不会有"我落后于同期入职的某某某"这一类的压力。

我们最应该避免的，是因难以控制升迁的欲望而拼命地收集人事信息。

任何一家公司都至少会有这样一个人：他们对各种人事信息了如指掌。"某某与上司合不来，这次好像要被发配到某某分店去啦"之类的信息，他们总是能快人一步抢先知道，但是这种人注定和PV、升迁无缘。

一个人执着于人事信息，就意味着在告诉别人，他只能看到一些相对性的东西，对于提高自身绝对价值毫无想法。同时，他在为人方面也会被瞧不起，不会得到别人的好评。他的PV自然也不会提高。明明掌握着最详细的人事信息，却没办法升迁，真是可怜又可悲。

"迟钝"未必是件坏事

将升迁当作工作第一目标的人，不管做什么都会在意人事评价和上司的看法。

特别是在日本的企业中，员工的工作方式常常会因其所在的部门、所跟随的上司的改变而改变。如果银行新来了一个支行长，这家支行的全体员工都会去调查新行长的背景和喜好，用他可能喜欢的方式工作。

但是要说这种行为会不会提高自己的价值，会不会创造出更多的现金流量，答案就是：完全不会。将时间和精力花费在如何应对上司上，自然就会疏于自我充电。

而且，即使我们费神费力地讨好上司，一旦发生调动，我们就又得在新上司身边从头开始摸索自己的行为模式。

对那些以自我成长为评判标准的人来说，事情则完全不同。无论自己属于哪个部门，无论上司是谁，他们的目标都只有一个：创造更多的现金流量，提高自己的现值（PV）。因此，他们的行动不会产生丝毫偏离。

我在银行工作时有一个朋友，非常能干。他毕业于东京大学法学部，当时在银行是储备干部，被认为是非常有升迁希望的人选。

但是，他被分到的部门是前文提到过的技术部，这个部门的工作和银行职员们为之奋斗的主流工作稍有不同。同部门那些希望早日升迁、有精英意识的职员们常常会在饭桌上抱怨："啊，真想早点脱离技术部调到当红部门去啊。"

但他却因一次偶然的机会对技术部的工作产生了兴趣，想在技术工程师的道路上继续钻研。

为了通过特殊信息处理技术人员考试，他牺牲午休时间拼命学习。这项考试对于理科学生而言都很难通过，但他一个文科生最终还是实至名归地突破了这一难关。现在他已经从银行辞职，跳槽到了其他公司，作为由文科生转成的专业技术人员活跃在工作岗位上。

他对别人眼中的相对性的评价标准（调到当红部门升迁发迹）不屑一顾，转而提高自己作为技术工程师的PV，这就是将"自我成长"作为评判标准。

我还有一个朋友，他从银行内部被借调到与银行有合作关系的私募股权基金工作。公司给他提供往返车票，表示只要他在那边待上几年，就可以回到银行，还有机会晋升。但他逐渐对基金那边的工作产生了兴趣，最后正式辞掉了银行的工作，跳槽到了那家基金。如果站在回到银行内部可以升迁加薪这一角度来看，他的行为或许非常愚蠢，但如果以工作的意义这一标准来判断，他的选择无疑是明智的。

即使他回到了银行，如不能当上董事，五十岁之后也只能等着被调职到其他地方，再也回不去原来的工作场所。调职后，没人能够保证他还可以从事第一线的工作。在做出辞职的决定时，他很可能已经预见到了这一点。现在，他早已年过半百，但仍然作为业界的专家工作在公司的第一线。

从以上两人的例子中我们可以知道，比起追逐升迁的机会，将自我成长设定为人生的目标，会让我们得到更多好处。作为公司职员，我们也许很难做到完全不在意自己的职务和部门，但我还是希望大家可以培养出这种能够无视人事评价的钝感力①。很多时候，这种钝感力将会帮助到你。

在日常工作中发现意义

如果一直漫无目的、稀里糊涂地工作，有时就会产生一种非常空虚的感觉。"我这样工作到底是为了什么呢……"从事变化较少的日常事务性工作的员工，以及在成本中心工作的员工很容易出现这种情况。

找不到工作的意义，是因为他们心中没有一条叫作现金的衡量标准。他们没有将自己工作的价值与现金联系在一起，因此意识不到自己为公司做了多大的贡献，不知道自己究竟成长了多少，也就找不到自己工作的意义是什么。

在成本中心工作的职员也可以和销售部门的职员一样，用"钱"来衡量自己的价值。此时，评价他们价值的标准就不再是"创造出多少营业额"，而是"削减了多少成本"。

---

① 钝感力：出自日本作家渡边淳一的文章，可以直译为中文"迟钝的力量"。——译者注

例如，技术部门开发出一种新的软件，使用这款软件后，之前需要花费5分钟完成的工作，现在只需要1分钟就可以完成。一个人可以节省下4分钟的时间，如果1000名员工每天使用一次，一天就可以节省下4000分钟，也就是大约67小时。将时间换算成工资，如果平均时薪是3000日元，那么每天就能节省下大约20万日元的成本。

再例如，在行政部工作的员工找到了一台成本更低的复印机，取代了现在用的机器。因为每天复印的数量极大，所以即使复印成本只比原来节约了1%，效果也非常显著，更何况是以年为单位。

如上所述，将自己的工作换算为现金，就会具体而真实地感受到自己的工作成果及自我成长——"本月我为公司节约了这么多的经费"。

一旦确认了自己对公司所做的贡献，就不会再找不到工作的意义。

而且以金融的观点来看，每天节约下的20万日元，要比销售人员一天赚取的20万日元价值更高，原因我们会在本书第3章中讨论。这里简单说明一下，每天都能节约20万日元，对公司而言是长期确定的利润；而销售人员今天虽然赚取了20万日元，但无法保证今后可以每天赚取20万日元，对公司而言，这是不确定的利润。

一个人并不需要因为在成本中心部门工作而感到悲观。他为公司创造出的现金流量与销售人员一样，不，应该说是更多。

如果一份工作无论如何也找不到它的意义，那么这份工作可能对于企业和你个人而言都是不必要的，建议你还是立刻换一份工作为佳。

做一份自己的"资产负债表"

读到这里，相信大家应该已经明白了，执着于公司内部的相对评价毫无意义，重要的是提升自己的绝对价值。

在介绍如何提高自己的绝对价值的方法前，让我们先来算一算自己现在的价值是多少。计算方法非常简单，就是做一张我们自己的"资产负债表"。

资产负债表的"资产"部分，就是我们自己的财产目录。与企业的资产负债表左栏相同，各项目按照是否容易变现从上至下依次排列，顺序是现金、存款、手表及贵金属等贵重物品、用于投资的不动产、自住的公寓等。

资产负债表的"负债"部分填写住房贷款等借款项目，借款项目下面是资产总额减去借款额后的数额,也就是我们的"财产价值"。

大家现在手边的资产负债表是什么样子的呢?

下面我们来比较两个人的资产负债表(见表3、表4)。

表3　A的资产负债表

	资产	负债及自己的财产
流动资产	现金、存款、贵重物品股票	银行贷款
固定资产	不动产(土地、公寓等)	自己的财产(清算价值)

表4　B的资产负债表

	资产	负债及自己的财产
流动资产	现金、存款、贵重物品	住房贷款
固定资产	自住公寓	自己的财产(清算价值)
	自己	自己的财产(可以创造现金流量的自己的价值)

A继承了长辈的存款以及土地等不动产,现在手边积累了不少财产。而B除了自己居住的公寓之外,没有什么特别拿得出手的资产,况且身上还背着房贷。

如果是比对一般的财产目录,我们当然会认为A更加有钱,但资产负债表的资产部分，还有一个不能忘记的项目。

没错，那个项目就是我们自己。企业的资产负债表中有员工、品牌力等看不见的资产，这些资产可以在将来创造出现金流量。同样，我们个人的资产负债表中也有不能缺少的部分——"自己将来能够创造出现金流量"。

看到表中"自己的财产（清算价值）"数额较大就欢喜起来，未免有些太过心急。这张资产负债表中最应该重视的部分并不是这一格，而是排在资产栏最下面的"自己"（见表4）。无论一个人的财产总额多么庞大，只要最重要的"自己"那一栏数额小，他就称不上是一个金融价值高的人，也就没有办法获得大家的高评价。相关理由我们将在下一节详细解释。

投资房地产，不如投资自己

总资产一项位于资产负债表左栏，其数额的大小主要由两个因素决定。其中一个因素是存款、房地产等有形资产，另外一个则是眼睛看不到的资产——我们"自己"。

由此可知，位于资产负债表右下角的"自己的财产"，其实就是将资产卖掉后，手中剩下的"清算价值"与"可以创造现金流量的自己本人的价值"二者之和。

虽说这两者中的任何一方数额变大，结果都是"自己的财产"总额增加，但本书推荐大家去做的，并不是想办法增加房地产等有形资产的数量，而是去锻炼自己创造现金流量的能力，想方设法去提高"可以创造现金流量的自己的价值"。

一个人即使出生于有钱人家，只要还没有从父母那里继承财产，他就无法增加"清算价值"。但是，哪怕出身寒门，只要本人用心努力，"自身价值"也可以无限增加。

也许有读者会认为，"投资房地产获取房租"，与"自己工作获取薪酬"，二者在获取现金方面没有差别，但其实二者性质完全不同。

公寓等房地产的租金属于"非劳动所得"。顾名思义，它表示不通过劳动而获取的收入。为什么人不工作也可以赚到钱呢？那是因为公寓代替了人去工作，赚到了房租。人只不过是得到了那一份钱而已。

这时，创造现金的不是我们自己，而是公寓。也就是说，有金融价值的是公寓，而不是我们自身。这样一想，还真是觉得心里有些空落落的。

而且，依靠非劳动所得生活也是一件非常危险的事情。例如，房市震荡，房价暴跌，银行突然急催返还贷款。那时，自己没有赚钱能力的人只能卖掉心爱的房产。将房产全部卖掉之后，资产负债表上就只剩下"渺小的自己"。

如果经济不景气，A持有的房地产和股票价值大跌，把全部的资产都卖掉后，他仍然无法还清贷款，这时，A就陷入了所谓的"负债"状态。

反观B，只要他自己创造现金流量的能力不下降，就不会真正陷入"负债"状态。无论公寓的价值跌到什么地步，他每个月需要偿还的房贷金额都不会改变，因此，即使经济不景气，他的生活也不会发生什么改变。

房地产等有形资产原本就是可以转让的东西。所有可以转让的东西，都有可能因为外部原因的影响而离开我们。从这层意义上来讲，有形资产占据大半的资产负债表是非常脆弱的。

因此，我才想要大声地告诉大家：与其将精力放在投资房地产上，还不如去投资自己！

"自己"是不可转让的资产。即使受外在因素影响失去了现金和房产，我们"自己"绝对会留下来。

自身的能力是可以伴随我们一生的。从这层意义上来看，我们自己才是最安全的投资对象。投资于自身，使自己掌握创造现金的能力，那么即使一时陷入困境，也一定可以克服困难，东山再起。

"自己"是份资产，要特别对待

我对于依靠非劳动所得生活持否定态度，这种态度也与我的个人经历有关。

说实话，我也曾考虑通过投资房地产收房租来生活。那是从外资银行辞职之后，创办现在这家公司之前的事情。

由于之前一直在严酷的银行业打拼，那时的我想在未来过上悠闲的生活。

当时我投资做得还不错，依靠房租收入多少也能维持生活。早晨睡到自然醒，白天就出门看看电影、打打高尔夫，或者泡泡温泉。那段时间，我获得了做白领时梦寐以求的自由，生活得非常快乐。

然而这种日子还没过上半年，我就厌倦了。真的是太无聊了。我才四十多岁，就已经和社会没了什么联系，整日里游手好闲、无所事事。我渐渐对这种生活感到空虚。

而且，过上这样的生活之后，我所交往的朋友也发生了变化。那些忙于上班的同龄友人逐渐与我疏远起来，而我渐渐和那些无论周末还是工作日都有大把闲暇时光的人熟悉起来——比如被称作"old money"的传统豪门，我周围尽是些依靠非劳动所得过活的人。

那这些"old money"又是如何生活的呢？总之，就是终日游手好闲，四处玩乐。如果在日本青年商会这样的地方遇到了朋友，他们大白天就相约出去喝酒，到了晚上就换到河岸边接着喝。普通人这样生活一两天可能就会厌倦，而他们过的一直都是这种生活，并不觉得这样有何不妥。

看到这些人，我只觉得他们很可怜。这并不是什么讽刺的话。他们从父母、祖父母那一代起就是有钱人，即使不工作也可以生活。生在这样的环境中，就认为没有必要去锻炼自己，也没有必要向上奋斗。因此，他们每天只对吃喝玩乐感兴趣，认为这样的生活稀松平常，而对自己的生活方式没有任何疑问。从年轻时起就依靠非劳动所得生活就是这种样子。

然而我的心中却有一个声音响起："我不能这样生活下去。"

结果，提前退休的生活只过了半年我就放弃了。于是，我下决心要自己创业，公司一开就开到了现在。

近年来，大家开始宣传起依靠非劳动所得生活是一种聪明的生活方式，书店里成排成排地摆放着关于投资技巧的书。读者之中也许也会有人认为，自己将来某一天也可以依靠非劳动所得生活。

如果是在退休后这样生活我们暂不讨论，但年轻时，我们还有创造现金的能力，还是应该有效利用"自己"这份资产。

而且，如果日本的年轻人都想着依靠房地产收入生活而不去工作，整个国家终会没落。发挥自身长处去创造现金，而不是只依靠非劳动所得，不仅对自己有利，更对整个社会有利。

如何才能使"未来的现金流量"最大化

想要增大未来的现金流量，我们只需要做两件事，"打好基础"和"做出业绩"。

"做出业绩"的具体方法，本书会在第2章具体介绍，这里先谈一谈对年轻人尤其重要的"打好基础"。想要打好基础，我们要做的不是投资房地产，而是投资自己。对自己投资，其实就是将时间、金钱、劳动力投入可以使未来的现金流量最大化的行动中。如此一来，"自己"的价值就会增加，资产负债表也会稳如磐石。

为此，我们首先需要做的，就是养成习惯思考一个问题："为了使未来的现金流量最大化，我现在应该做些什么。"如果你认为现在应该学习，那就去学习；如果你认为现在应该到基层去锻炼身手，那就去锻炼。

这个要求看起来很简单，但越是年轻人就越做不到。例如，有些人被分配到一个不想进的部门，仅因为这一点，他就失去了对工作的热情，打算跳槽。或者，公司好不容易为职员准备了员工教育培训的机会，有些人在参加时马马虎虎，敷衍了事。这些人无论经过多长时间，都没办法提高自己的价值。

我自己的公司中也有这种年轻的员工。有一个男孩一毕业就进入了我的公司，工作到第二年，有一天突然对我说，他想要跳槽。给出的原因好像是想在众所周知的大企业工作。

我理解他的心情。年轻时我们都会觉得在大企业工作特别酷，再加上我们公司中有很大一部分员工是从大企业跳槽过来的，他听了老员工的话，难免会有"我也想像他们一样累积在大企业的工作经验"这样的想法。

但他才刚刚从学校毕业两年，还是个毛头小子，基本上没有做出过什么实际业绩。他告诉我想要跳槽的时候，已经知道了对方公司会录用他。和他聊了几句，果然不出我所料，对方提供给他的是应届毕业生的待遇。这也就是说，他在我的公司工作的这一年，对方完全不认可，他这一年的努力算是白白浪费了。

未来现金流量的基础是过去的实际业绩，本书第 2 章会对这一点进行详细说明。新公司会参考你为之前的公司赚了多少钱，再得出结论："这个人今后应该也可以为公司创造出这么多的现金流量吧。"

我们常常听到有人说"我好想换工作啊，但还是忍着干满三年吧"，就是这个原因。在一家公司至少要工作三年，才能做出点像样的成绩。另外，在同一家公司中，第一年做出了点成绩，第二年公司就会在之前成绩的基础上，交给你更有难度的工作。但如果像我们公司的那个男孩子，毕业第二年就辞职，之前的积累全部被格式化，在新公司又得从头开始。

从"使未来的现金流量最大化"这一观点来看，还没有做出实际业绩就换工作是非常愚蠢的选择。如果是在可怕的黑心企业上班，继续工作下去也无法取得什么成绩，这种情况我们另当别论。如果你不是在这样的企业中工作，那么首先要做的，就是在当前的环境中做出点业绩来。这些业绩将成为你的立足点，使你未来的现金流量最大化。

有些读者可能会认为这种做法有些绕远，但其实我们夯实基础的最佳阶段就是在年轻的时候。

请想一想飞机起飞时的情形。刚开始起飞的时候，飞机需要消耗很多的能源，转为水平飞行后，只需要消耗比较少的能源就可以维持飞行的高度。

飞机的飞行高度是多少，取决于起飞时所消耗的能源量。如果使用大量的能源，飞机能飞得较高；如果舍不得使用能源，飞机就只能飞得较低。

人生也是如此，如果能在年轻时打磨、提高自己的价值，将来就可以比较轻松地创造出较大的现金流量，如果懒散倦怠，不去努力，就会一直处于低空飞行的状态。

工作后，"学习"才别有乐趣

想要打好基础，就必须"学习"。

只是听到"学习"两个字，有人可能就会受不了，抱怨"天啊，放过我吧"。这里还请大家先抛弃这种成见。步入社会之后的学习，与我们在学生时代经历过的学习完全不同，意外地有趣。

学校学习之所以非常痛苦，是因为我们是"被逼着学习"。我们并不十分清楚学的那些东西在将来会有什么帮助，学习的目标也只是暂定为在当前的考试中取得好成绩。在这种情况下，我们并没有自主学习的动机。

而在大学中，许多课程是从总论开始讲的。在任何领域中，总论都不会是什么有趣的内容，它非常偏向概念性，我们很难理解这些知识什么时候会在人生中派上用场。在这种情况下，我们无法产生学习的欲望。

但是，职场人士与学生情况不同。如果不掌握业务的相关知识，我们在岗位上就做不下去，因此人人都会产生必须去学习的动机。

学习时，我们可以跳过总论，只学习必需的专项内容，这样就不会浪费时间和精力。因为这些知识与自己的业务相关，我们就很容易产生兴趣，学习起来也就不会那么痛苦。有很多人和我一样，是在成为职场人士之后才终于尝到了学习的乐趣。

事实上，我步入社会后学习到的知识是学生时代时的十倍（我在学生时代学习量几乎为零，所以十倍也不是什么很了不起的数字）。

特别是我跳槽到外资银行工作后，第一次进入外汇交易的世界的我，立刻就开始拼命地学习。虽然我之前从事的也是金融行业，但对外汇知之甚少，所以只能努力学习。

外汇究竟是什么？哪些因素发生哪些变化会使外汇行情发生变动？利率对市场有何影响？

类似于上述这样的专项知识，我把它们按照必要程度的高低排列起来，然后逐个学习。这些知识和我的工作有直接联系，因此消化吸收起来也非常快。明白一个知识点之后，我又会好奇另一个知识点，对它们越来越有兴趣。不知不觉间，我的脑海中就搭起了外汇知识的整体架构。

从微观到宏观，从分论到总论——这就是职场人士学习的

铁则。

如果是学生，他可能需要从"金融政策是什么"这种总论开始学习，而职场人士没有时间去做那种绕远的事，也没有必要去做。他们从某一块分论开始学习，按照自己的需求继续学习其他的分论，渐渐地，他们将相关知识网罗在一起，在头脑中形成相当于总论的整体知识架构。

有些读者会有这种苦恼："我虽然也想学习，但却很难坚持下去。"对于这类的朋友，我有一点建议。

假设我们现在被现实逼到不得不去学习某个领域的知识。这个领域不是我们的专业，所以不知道应该买哪类的参考书比较好。这时，先去买一本将这一领域的基本信息都包含在内的入门书来看。基本上，这类入门书中还写了许多不必要的信息。我们要做的就是跳过这些页，只挑我们真正想知道的来看。如果要从头到尾地阅读一本书，人就会渐渐懒得学习，很可能半途而废。可能有人会觉得这种读书方法有些浪费，但和在看到必要的知识前就放弃的情况相比，还是跳着读要好得多。

另外，找到有必要学习的章节后，对于上面记述的重要知识，我们要认真理解，要能够用自己的语言进行表述。

学习的本质就在于"如何用一句话来说明一个问题"。

如果可以独立思考学到的知识，我们对它的理解会更加深入。

在进入外汇交易的世界后，我学习了各国利率的相关知识，发现各个国家的利率水平存在很大差异。日本实行的是超低利率，而发展中国家的利率水平就会比较高（日本有一段时期的国债利率也超过了百分之七）。

金融专业书中关于决定利率的因素给出了许多说法，例如经济增长情况、违约风险、国家风险等。看了这些解释之后，我就会觉得自己好像有点明白了。

但是通过这种方法学到的知识还只是表面上的东西。于是，看完书后，我还会问自己一个问题："用一句话来讲，利率究竟是什么？"思考过后，我得出结论："利率其实就是化浓妆还是化淡妆。"

一种货币的利率较高，其实就是表示如果没有高利率，就不会有人来购买这种货币。把这个道理套用在化妆身上，就是一个女人如果不化浓妆，就没有异性愿意接近她。真正的美女即使是化淡妆（低利率），也会有人靠过来。

因此，如果你受到高利率的诱惑而进行投资，就必定会付出沉重的代价。

1998年10月，美元兑日元的汇率突然暴跌：短短三个小时内，从1美元兑130日元急速跌到1美元兑120日元，足足下跌了10日元。而发生这种情况的背景，就是当时大家被美元的高利率吸引，纷纷投资美元，也就是我们常说的"日元利差交易"。为了缓解过分火热的美元购买状况，各家对冲基金同时抛售美元，引起汇率暴跌。

我亲眼看见了当时外汇市场的惨状，再次认识到"高利率就相当于大浓妆，卸妆之后便会痕迹全无"的论断是正确的。

我上面举的这个例子或许不太贴切，但大家如果使用这样的理解方法认清事物的本质，就能获得关于现金流量的智慧。如果只是单纯的背诵，除了参加问答类节目，并无法创造出任何现金流量来。

如何成为"会挣钱的人"?

—— 将未来的现金流量最大化

工资越高，人的价值就越高?

让我们再确认一下构成金融理论基础的公式。

现值（PV）＝未来现金流量的平均值（CF）÷折现率（R）

通过这 简单公式求出的PV，正是作为上班族的我们所具有的绝对价值。PV的大小，决定了我们在公司是否可以得到高评价。

提高PV的方法只有两个：或是增大分子，即增大现金流量（CF）；或是减小分母，即减小折现率（R）。

简单而言，增大现金流量其实就是使自己成为"能赚钱的人"，减小折现率其实就是使自己成为"被信任的人"。当然，想要提高PV并不是做到二者之中的一个就可以了，我们的理想状态是：既要有赚钱的能力，又要成为一个被信任的人。

为什么"折现率低"和"能被信任"是一件事呢？我们又该如何提高自己的信用呢？关于这两点问题，本书将在第3章详细说明。本章介绍的是如何提高自己的赚钱能力，即如何将未来的现金流量最大化。

为了避免大家误解，我先解释一下：这里所说的现金流量，并不是我们获得的工资，而是我们为公司带来的利润。工资高并不代表你的PV大。

我们来回想一下现金流量的定义，现金流量是现金流入（收入）减去现金流出（费用）之后剩下的数值。

站在个人的角度讲，工资是现金流入；从公司的角度看，工资是开销，即现金流出。

对公司而言，一个员工的价值有所增加，其实就是"**公司获得的利润（现金流入）增加，员工个人花费的费用（现金流出）减少**"。

有多人理解错了这一点，认为工资越高的人价值就越高。我们站在公司的立场一考虑，就能立刻明白这种想法是错误的。

"这个员工的工资很高，我们给他个高评价吧。"

"我们录用工资高的人来工作吧。"

没有公司会有上述两种想法。

对于公司而言，支付给员工的工资是成本（现金流出），是使现金流量减少的原因之一。

工资只是结果，而非原因。我们为公司带来现金流量，公司对我们的评价上升，工资也就相应地有所增长。事实是"由于我们的价值高，所以工资才高"，反过来是不成立的。

也有一些公司的薪资体系，比起成果更重视资历。在这种环境中工作，我们很容易就会产生这样的想法："反正工资会自动增长，我不用特别做些什么。"

但恰恰是在这种公司工作的员工，才更应该具备赚钱的能力，否则后果会非常严重。因为，一个明明没有实力的人工资却年年增加，最终会成为公司的负累，会成为最先被裁员的对象。拿到和自己的能力不相匹配的高工资，短期内可能是一件令人高兴的事，然而从长远来看，这会使我们自己暴露在危险之中。

为了避免这种事态发生，我们必须要使自己的实力配得上拿到的工资。如果拿到的工资超过了我们的实力，就要努力去为公司赚取更多的现金来弥补工资和实力之间的差距。如果不满意现在的工资，就去为公司赚取更多的现金流量，提升自己在公司的评价，如此一来，工资也会随之增长。

公司是个"玩具箱"

"一想到自己工作不是为了工资，而是为了给公司带来现金流量，就有一种被利用的感觉……"

如果一个人产生了类似的想法，那恐怕是因为他并没能好好利用自己的公司。

公司利用自己的员工，同样，员工也可以利用自己的公司。

如此一来，两者就是双赢（win-win）的关系，员工也不会认为自己是在被"逼着工作"。利用自己的公司，其实就是活用公司的资产来提升自己的价值。

请把公司想象成一个巨大的玩具箱。在这个玩具箱里，装着前辈们长久以来做好的玩具——技术、商品、生产设备、品牌、客户等，我们工作所必需的东西全部都在这里面。想以个人之力将这些东西全部聚集在一起几乎是不可能的，但我们进入公司就可以尽情地使用这些珍贵的玩具。天底下简直没有比这更好的事情了。

我之所以跳槽到外资银行，也是因为那里的玩具太有魅力了。那家公司有当时最先进的期权交易价格显示系统。我在之前的公司工作时，每开发出一种新商品都需要做一个新系统，因此商品价格要在一段时间之后才能显示出来。但跳槽后的这家公司，它的系统可以简单方便地显示出几乎所有商品的价格，人人都可以进行操作。

这件玩具成了我增加现金流量的有力武器。

所以，大家也应该用公司里的玩具玩个痛快。正如孩子们玩益智玩具有利于生长发育，员工也应利用公司的玩具获得成长。

玩具箱的大小，与公司规模成正比。公司规模越大，持有的资产就越丰富，因此大公司的员工们能够接触到各种类型的玩具，扩展自己人生的宽度。

公司规模比较小，玩具箱也相应比较小，里面也许没什么高级的玩具，但使用玩具时的自由程度相对更高。小企业员工拥有和大公司员工不同的玩耍方法，他们可以一次使用很多玩具，还可以在玩具不够时自己购买新的玩具。

如上所述，我们要带着"用公司的玩具来玩乐一番"这种态度去工作，这样一来，去公司时就不会那么抗拒了。我现在也是这种态度，每到周五，就会有点寂寞——"啊，又到了没玩具可玩的周末"，反而是到了周日晚上就特别有精神——"太好了，明天起又可以利用公司开心地玩耍了"。我的这种表现就是所谓的"反周一综合征"。

玩得不够漂亮就会自降身价

我们可以尽情地去玩公司的玩具，但是玩耍的方式不能降低我们自身的价值。

我之前工作的公司有一位X先生，由于他玩玩具的方式太不漂亮，最终导致自己在公司内评价下降。

那家公司安装了一台贩卖果汁的自动售货机，果汁价格非常便宜，算是对员工的一种福利。外面130日元一瓶的果汁，这里只卖20~30日元，所以员工们都非常开心地在那台自动售货机上买果汁。

但X先生对那台自动售货机的喜爱超过了正常程度。他每周五的傍晚都会到自动售货机那里买好多瓶果汁，装在大袋子里提回家去，应该是为了周末在家里喝吧。

他的行为也许还谈不上违规。话虽如此，可那些极其便宜的果汁毕竟是为了工作中的员工准备的，并不是让员工在假日与家人一起喝的。他的做法明显与公司原本的目的不符。

而且 X 先生的生活并不贫困。他的业绩在平均水平之上，年收入估计有数千万日元。尽管如此，他仍旧为了节省几百日元而毫无忌惮。这种行为让人感到非常不舒服。

X 先生因为吝啬这几百日元，损失了无价的信用。

我们可以拼命使用公司的玩具（资产），但仅限于在可以为公司贡献现金流量的场合。公司的资产并不是我们的私有物，它们属于公司，勉强也可以说属于"股东"。

成为"销售人员"后我们会获得什么？

在银行，人事部、经营企划部被看作精英部门。无论是什么公司，内部应该都会有非常热门的部门。虽然很多员工都希望可以进入这些部门，但基本上刚入职的人都会被分到销售部。

当然有人会对这样的分配感到不满。我刚毕业进入银行后，在得知自己第一个工作部门是大阪府的某家支行时，也有过这种想法："比起在支行四处跑业务，我还是更想在总行的经营企划部这类帅气的部门工作啊。"

但事实上，能够早早积累销售经验是一件非常幸运的事。因为**销售是最容易提升我们"创造现金流量的能力"的工作**。

我这么说并不仅是因为销售是直接售卖商品赚取现金的工作。

本书在第1章中也曾讲到，即使是在行政、财会这类成本中心工作，也可以通过削减经费、提高业务效率等方式为公司现金流量的增长做出贡献。

那么，成本中心和销售部门的差异是什么呢？最大的差异就是，销售部门有机会和顾客直接接触。

管理学家德鲁克（Peter F. Drucker）将企业的存在意义定义为创造并维持客源。可以说，这就是销售人员在一线所做的工作。

现代社会中充满了相似的商品和服务，想要通过商品本身来体现产品的与众不同变得越来越困难。在这种状况下，想要创造、维持客源，销售人员自身必须要有附加价值。销售人员必须能让顾客认可自己，要使他们觉得"我不想从其他公司购买，只想从这个人手中购买"。

因此，销售人员就必须思考如何才能讨顾客的欢心。他们要注意自己的服装、措辞、态度、举止，以免对顾客失礼。另外，要完成销售目标，还必须要提高现金意识。想要创造和维持客源、创造现金，以上这些都是不可或缺的素养。

销售工作也是很容易让人产生满足感和成就感的工作。

顾客付钱购买商品，除了对产品本身感到满意之外，还表明他对销售人员也非常满意——工作成果就这样和自信联系了起来。而且，自己为公司创造的现金流量是可以看见的，因此你能真切感受到自己的成长，比如自己的价值比去年增加了多少等。

因此，在销售部门工作的人，应该为自己的幸运而感到高兴。在销售部工作，我们最容易了解自己在金融价值方面的增长情况。

销售给人带来快乐

即使没有做过销售相关工作，我们也都体会过把东西卖出去后愉悦的心情。

因为人类原本就很喜欢销售产品和服务。孩子们在坑过家家时，会假装自己在开商店，当有人购买自己商店的商品时，他们会本能地体会到一种快感。

再比如大学的学园祭①。学生们会搭起一些卖炒面或大阪烧

---

① 类似于文化节。——译者注

的小摊，通过自己的努力，把自制的食品销售出去，赚取现金。对于学生们而言，这应该是一份快乐的回忆，而不是什么痛苦的遭遇。

学生们并不只是单纯地在卖东西，他们在商品中注入了自己的想法。如果能够成功地使现金流量增加，他们会感觉到更加开心。

自己想方设法把东西卖出去，是一件非常快乐的事，也是一件非常有意义的事。有些人认为销售工作很讨厌、很辛苦，对它避而远之，是不是因为他们还没有发现销售工作的根源其实是快乐呢？

不做销售，怎样修炼"卖方"思维？

正如前文所述，销售其实是一份令人感到快乐的工作，而且做销售可以掌握许许多多与增加现金流量直接挂钩的技巧和思维方法，做销售好处多多。

虽说如此，但并非所有人都可以在刚入职时就去做销售工作。有些人可能不太走运，从年轻时起就一直在"买方"部门工作。

如字面含义所示，"买方"就是"购买商品的一方"。行政部、采购部、商品买手等部门有很多"买方"工作；金融行业中，基金管理人等也被称作买方。

一般来讲，大家都会认为"买方"职位比销售职位更好，但从提高自身绝对价值的观点来看，"买方"职位反而不如销售职位。在销售部等"卖方"部门工作，我们可以自然而然地掌握提高自身绝对价值的方法；但在买方部门工作时，如果不能有意识地提高自己的价值，就很难掌握那些方法。

买方最大的弱点，就是很难直接见到顾客。他们常常站在"购买"的立场思考问题，对交易方提出要求，却很少用心思考如何令顾客购买自己的商品。在这种环境中工作，很难养成以顾客为导向的思维。

虽然不能说所有人都是这样，但从事买方工作的人往往被赋予较大的权力，常常误以为自己是非常特别的存在，从而沾染一些坏毛病，比如态度傲慢等。

我就认识一个"极品买方"。

我在证券公司工作的时候，因缘巧合认识了他。他是某家大企业的交易员，我从他手里接订单，向他销售金融商品。我们间的关系就是，他是买方，我是卖方。

他的工作就是尽可能便宜地从我们手中购买商品，所以常常会很强硬地提出一些苛刻的要求。这是很正常的事情，我也不会很在意，但他的态度非常过分。我辛辛苦苦地反复修改出一个方案，拿给他看时，他就会说一句类似"喂，你就拿不出点更好的方案吗"的话，态度、措辞都是高高在上的感觉，不是很礼貌。

有时美元兑日元的汇率会突然出现波动，我想要通知他，就让女下属打电话给他，但他的回应非常令人吃惊："怎么是你这种人给我打电话呢？我可只和某某职务以上的人搭话。"

他只回答了这么两句话，就咔嚓把电话挂掉了。窥一斑而见全豹，由于他的这种态度，我们公司内部对他的评价也是最差的。

也许就是这种性格招来了恶果，后来他离开了那家公司，不知道是出于什么考虑，跳槽到了我上班的那家证券公司。

那些之前一直被他用极度恶劣的态度对待的合作伙伴，如今成了他的同事和前辈，他自己应该也会感觉非常不舒服吧。起初他工作起来还装得像模像样，但人的本性不是那么容易改变的。

例如，在我们公司，与自己工作相关的杂务都需要自己处理，这是规定。但无论别人提醒他多少次，他都会用"给我计算一下这个"这种态度，把自己的工作分派给女员工或年轻员工，自己却在一旁乐得轻松。也就是说，他还是一直把自己当作客户来对待周围的人。

结果，他在证券公司也只待了短短几个月就离职了。

这个人的例子也许有些极端，但长期从事买方工作的人，或多或少都存在这种倾向。正因如此，从事买方工作的人才应该比从事卖方工作的人更加严格地要求自己。

即使不会和顾客直接见面，也要在心中牢记：有了顾客才有公司的存在。要时时刻刻提醒自己言行举止保持谦逊。

大家还要记住一点，我们在一家企业做买方工作时掌握的技巧，到了下一家企业就不适用了。

销售工作的技巧在全世界几乎都是共通的，但买方工作却并非如此，每家公司对买方工作的相关规定完全不同。因此，很多时候，我们在一家公司做买方工作时学到的知识和技巧，就只在那一家公司内适用。我们要明白，在买方工作中做出的业绩，虽然会和公司内的相对评价挂钩，却很难转化成为自己的绝对价值。

从事律师、注册会计师、医生等"先生职业"①时，与买方的情况一样，也需要进行自我修炼。

---

① 日语中对教师、律师、医生、国会议员等职业的人尊称为先生（sensei）。——译者注

这些需要考取职业资格证书才能从事的行业，本来也属于卖方性质，即向顾客销售自己的服务。但与销售等普通的卖方工作不同，他们的工作主要是指导和教授顾客应该如何去做。顾客也是张口"先生"闭口"先生"地称呼他们。因此，从事这类工作的人往往会认为他们自己不是"收了顾客的钱，被顾客雇用"，而是"顾客拜托我，我才去帮他们解决问题"。

前几天，我到一位律师的办公室去，打算委托他解决一些问题。他开口的第一句话就是："您今天过来是为了什么事呢？"

因为他知道我是来委托他处理一些工作的，所以从他的立场来看，我是顾客。一般而言，面对顾客的第一句话都会是"感谢您一直以来对我们的照顾"，这是职场人士的常识，即使是要询问顾客来此要办的事项，也应该用一种更加客气的措辞。

现在社会上的这些"先生"，很多都缺乏以顾客为导向的精神。反过来想想，这或许会是一个商机。既然周围的"先生"们都是一副很了不起、高高在上的样子，如果我们能够做到以顾客为导向，仅凭这一点，就可以甩掉同行一大截。

态度冷淡、盛气凌人的"先生"，与面带微笑、平易近人的"先生"——不用思考就知道委托人会选择哪一个。

"顾客导向"是指，将与自己工作有关的所有人都看作自己的顾客。

这里的"顾客",不仅仅是指购买商品的客人,也包括供货商等与我们的公司有生意往来的合作伙伴,以及与我们一起工作的同事、上司、下属等。如果我们追求的是短期的利润,也许可以只向进货商低头,不用在意供货商以及一起工作的同事们。

但是,如果我们的目标是长期的现金流量,就必须与和自己工作有关的人建立起良好有效的人际关系,更好地应对工作中的各个环节。

财务和行政也有"顾客"?

无论从事卖方工作还是买方工作,要想提高自身的绝对价值,就必须有"以顾客为导向"的精神。在财务、行政、技术等成本中心部门供职也不例外。

对于这些部门而言,他们的顾客其实就是本公司的员工。以技术部门为例,使用技术系统的公司内部用户,就是他们的委托人。

但可惜的是,只有极少数人能够带着这种意识去工作,大部分人都是安于自己的常规工作——有人提出了什么要求,自己就去做什么。

他们并没有"我要开发出一种令员工用户使用起来更加简便的技术系统"这种意识，脑中考虑的，只是如何按照上面给出的计划，在规定的时间内完成工作。

而他们这样做的原因就是：按照计划在规定时间内完成工作，是公司内部评价员工的标准。即使在工作过程中发现有些地方可以进一步改善，他们也不会去做，因为一旦在那里花费了时间，自己的人事评价就会降低。

正是因为当前公司内部是这种状况，那些以顾客为导向的人才才更容易发光，原因和之前举过的律师的事例一样。"如何才能使用户更加开心呢？"只要不断思考这个问题，工作思路就会一下子丰富起来，我们就可以领先自己的同事一步，甚至两步。

当然，这样做也一样会提高我们自己的绝对价值。正如本书第1章中提到的，开发出方便用户使用的系统，可以缩短员工的工作时间，削减人工费，省下的这笔成本就会编入你为公司创造的现金流量中。

在成本中心工作的员工，可以通过节减经费、提高员工工作效率来提升自己的价值。而以顾客为导向的精神恰恰可以给人以启发，使我们想出更多节减经费、提高效率的方案。如果我们可以24小时张开触角，用顾客的视角去观察和思考员工用户是在怎样的环境中工作、在工作中会遇到哪些不便等，脑中就会涌现出许许多多改良方案。

削减经费不见得永远都对

削减经费与提高工作效率有时是对立的。削减成本可能会导致工作效率低下，最终反而产生更多的花费，导致现金流量减少。下面就来介绍这样一个失败的案例。

我之前工作过的一家银行中有一个部门，他们每天早晨都会开会，开会的时候会每个人发一份打印好的资料，于是就有人提议节约打印费。这个提议的着眼点非常好，但是解决方案有问题。为了节约打印费用，他们决定用湿式打印机取代普通打印机。

过去，像学校这样的单位会使用湿式打印机，打印出来的纸微微发青，质量很差。使用湿式打印机后，打印成本确实便宜了不少，一张只要1日元，但是用它打印消耗的精力和时间却比普通打印机多得多。

然而，提出这个建议的人并没有注意到这一点。他们只觉得打印肯定是越便宜越好，于是就指示新来的员工今后都必须用湿式打印机打印材料。

真是太愚蠢了。

负责打印材料的员工是综合职位，毕业于东京大学。虽然刚进公司不久，但算上奖金，他每个月的工资应该能超过30万日元。就是这样一个人，每天要额外花费一两个小时的时间打印材料，考虑到他的工资，每张材料的打印费非但没有下降，反而成了之前的好几倍。

而且，对于新员工而言，进公司的第一年是非常关键的时期，这一时期应该到工作一线去积累各种经验，为将来能够成为创造大量现金流量的人才打好基础。但他却把时间都浪费在了打印材料上，没时间去锻炼自己的赚钱能力。他本人应该也很痛苦，旁人也觉得他非常可怜。

我之后跳槽到外资银行，感受到外资企业和日本企业差距最大的一点就在于此。

在外资企业，类似打印这种杂务都会外包给其他公司的员工，如此一来，拿着高薪的自家员工就只需要专注在能够创造现金流量的工作上。虽然工作外包出去会产生一定的花费，但从整体的现金流量来考虑，这样做要划算得多。

外资银行的成本意识极强。我刚进入公司时，上司对我说了这样一番话。

"我们为你准备了桌椅和电脑，你的工位每年要花费50万美元，希望你在工作时可以牢记这一点。"

至今我对这句话记忆犹新。

他其实就是想要告诉我，只要我坐在这里，每年就必须创造出至少50万美元的现金流量。

当然，桌椅和电脑本身并没有那么高的成本。上司的意思实际上是：如果你每年赚不到50万美元，我们不如让其他人坐在这里。

别人坐在这儿可以赚50万美元的现金流量，如果我做不到，就产生了机会成本。在众多想坐在这个座位的应聘者中，我是被选中的那一个，所以应该拼尽全力地去工作，这就是上司向我传递的信息。

我们在考虑削减经费时，应该用广阔的视角去审视，看看会不会造成机会成本。

为公司带来活力

为公司带来活力的言行，可以或直接或间接地帮助你增大现金流量。

告诉我这个道理的人,是不久前跳槽到我公司的一名员工。他虽然尚未适应新工作并依靠自己的力量创造出现金,但他为公司做出的贡献让我印象深刻。

我们公司的气氛比较自由,每天早晨不到10点,员工是来不齐的。但他每天早晨8点就到了公司,非常努力地去熟悉自己的工作内容。其他员工看到他的样子怕被比下去,一个个的也都开始8点上班。站在经营者的角度来看,这简直是极大的优点。

如果早点到公司上班有困难,那么请时时刻刻记着要和周围人心情舒畅地打声招呼,只要做到这一点,也可以给周围环境带来好的影响。我的公司也非常重视打招呼这件事,我一直教育员工们,早晨一定要互道"早上好";如果有人要出外勤,离开时要对大家说声"我要走了",剩下的人则要回应"路上注意安全"。

打招呼肯定要比不打招呼好,既不花费任何成本,还可以给访客留下公司规范有序的印象。像这种企业文化,虽然是无形的,但也着实会为现金流量的增长做出贡献。

我进入日系银行工作后,对着客人大喊"欢迎光临"的招呼方式就深深扎根于脑海中。我没有参加过体育社团,刚开始工作时,对在人前大声打招呼这件事情非常抗拒,但周围的同事们,甚至是非常年轻的女同事们都毫不犹豫地大声说着"欢迎光临"。处于这种环境中，我渐渐也可以自然地喊出这句话来，不知不觉中甚至养成了习惯。有时候在理发店理发时睡得迷迷糊糊，听到有客人开门进店，都会条件反射地高喊一句"欢迎光临"。

如果我毕业后最先进入的是外资银行，就不知道是否也能如此扎实地掌握这种基本的礼节了。时至今日，我仍然非常感谢那家日系银行，是它让我养成了这种习惯。

操纵巨额资金的人不一定就优秀

一个人所创造出的现金流量的大小，也受其所处环境的影响。例如，一个大项目的负责人有机会获得大笔的现金流量，但如果他一直都在接待小客户，就不能指望销售额能有什么飞跃性的提升了。

但是，我们没必要由于自己负责的项目规模小就觉得低人一等，也不应该因为自己负责了大项目就趾高气扬。

前文曾经提到过，现金流量是现金流入（销售额）与现金流出（费用与投资额）的总称，是实际的现金出入。很多大项目的投资额都非常巨大，但如果无法获得更多的现金流入，现金流量就会出现亏损。

例如，一个项目的投资额为20亿日元，如果它带来的现金流量只有10亿日元，这个项目就不能说是成功的。也就是说，动用巨额资金的工作，其实只是投资额巨大。只有创造出超过投资额的现金流量，项目负责人才称得上有价值。

相反，既有的小额生意、买方部门进行的经费削减等工作，基本不会产生现金流出。

以投资效率的观点来看，在不产生现金流出的同时增加现金流入，这是非常棒的事情。我们完全没有必要因为自己的工作小而自卑。

过分局限于本职，现金流的增长会受限

如果我们的工作是做研究，那就去学习新技术；如果处在销售职位，就去锻炼销售技巧——像这样提高自身的专业性，有助于提升自己的价值。

然而这并不表示说，我们只要做好自己的专业就可以了。如果将自己工作的范围划分得过分精细，视野会变得狭窄，最终很可能就会错过成长的机会。

例如,在银行里有一种工种叫作"现货操盘手"。简单来讲,他们的工作就是向想要买卖美元的顾客提供当前时间点的美元价格。市场时时刻刻都在变化,所以必须要非常迅速地将美元价格通知顾客。因此,如果1美元的价格是110日元20钱①,他们报价时会省略以"日元"为单位的部分,只报"钱"这一单位的部分——"20钱"。

我之前工作的公司里,就有一个非常极端的"现货"交易员。

举一个例子,日本银行大力实行货币宽松政策,违背了市场预期,一天之中,美元兑日元的汇率由1美元兑110日元迅速增长至1美元兑114日元。汇率在一天之内变动4日元是非常严重的事情。客观来讲,现货交易员们当时需要关注的问题可谓数不胜数,如"日本银行的目标是什么""各个方面会受到哪些影响"等。

但是我的这位同事下班之后,完全不会再关心这类问题。他认为自己的工作就是报价而已:昨天报的价格是(110日元)"20钱",今天报的价格是(114日元)"20钱",反正只要报"20钱"就可以了。

现货操盘手是一个需要收集各种信息的工作。从事这种工

---

① 钱:日本货币单位,100钱＝1日元。——译者注

作的人本来可以不断吸收知识，推动自我成长，但他却认为这份工作只要报个价格就可以了。以这样的态度工作，他根本不可能有所成长。自然，周围的人对他也没有很高的评价，认为他就是一个每天只会机械报价的人。

后来，IT产业愈来愈发达，计算机逐渐取代了现货操盘手的工作，货币价格直接显示在了电脑屏幕上。

即使被计算机抢走了工作，只要我们在之前的工作中吸收了各种知识、实现了自我成长，那么无论后续从事哪种类型的工作，都会做得很好。但是，如果之前过于局限于自己的本职工作，视野变得狭窄，就很容易在被计算机取代的瞬间真正地失去"工作"。为了避免这种命运，最重要的就是要一直努力提高自己的价值，因为我们的自身价值无论在哪里都会被认可。

认清公司的价值链

如果我们想要开阔视野，看到自己专业工作之外的领域，首先应该要做的，就是把握好本公司的"价值链"。

价值链是使商品和服务具有附加价值的流程。最初非常普通的原材料，经过采购、开发、制造、营销、销售等各种企业活动，最终转化为商品，拥有了附加价值，这一系列流程就是价值链。

了解本公司的价值链，就是要知道本公司的商品或服务是经过哪些步骤最终到达顾客手中的，要明白在这些步骤中自己承担的任务是什么。像这样去俯瞰整个公司的企业活动，实际上可以了解很多事情。

分析价值链，可以了解本公司与竞争对手相比，优势和劣势在哪里，这些信息会成为公司在制定事业战略时的指标。即使我们的工作和战略制定没有什么联系，分析价值链也可以帮助我们了解自己的部门在企业竞争中是否拉了公司的后腿。如果确实拉了后腿，我们就要研究其他公司的组织结构，想办法做出改善。

若想更加正确地了解自己的"赚钱能力"，就必须要把握好价值链。例如，虽然销售部门创造出了极高的利润，但这成绩并不100%只属于销售人员。因为这极高的利润是许多人共同努力的结果，包括以低价购买原料的采购人员、并发出划时代新产品的研发人员等。如果忘记了这些价值链，就很容易高估自己的赚钱能力。

相反，在成本中心工作的员工，虽然很少直接创造现金，但却通过各种支援工作，充当着价值链中的重要环节。了解到这一点，他们就会觉得自己的工作更有意义。

对于在大银行或商社工作的人来说，公司的业务领域极广，要想把握本公司所有的价值链可能非常困难。在这种情况下，你至少也要努力去了解自己周围都有哪些事情发生。

我在银行工作时就完全没有这种想法。因此，我在新人时期，曾经有一段无所事事的时间，真是太浪费了。

与大多数的银行新员工一样，我的第一份工作就是支行的柜员，负责将顾客交给我的付款凭单和收款凭单上的信息录入电脑。这样的工作谁都可以做，非常简单，因此我每天都带着一点自暴自弃的情绪在做这些常规工作。

但是，如果我当时能有"去了解一下公司的价值链"这种问题意识，那些常规工作所体现出的意义就完全不同了。

例如，我现在收到1亿日元的存款，存款利率是1%，如果将这1亿日元以3%的贷款利率贷给顾客，就会产生2%的利差。这也就表明，我在这一年可以为银行带来200万日元的现金流量。但是，如果我找不到好的贷款方，用这1亿日元买了国债，国债的利率是1.1%，利差就只有0.1%，也就是只能创造出10万日元的利润。当时的我如果能够想到这些，可能就会去试着寻找优质的贷款方。

实际情况要比上述内容更加复杂，但对于我们而言，最重要的是在整个价值链中准确找到自己工作的定位。如此一来，我们就可以了解自己的工作是否正在创造现金流量。

"过去"的业绩根本不值一文

企业认为"评价高的人＝能赚钱的人"，这里我们重新思考一下这条定义。本书之前的内容中已经多次说明，我们可以通过下面的公式求出自己的赚钱能力。

$$现值（PV）＝未来现金流量的平均值（CF）÷折现率（R）$$

在这个公式中，需要大家注意的是"未来"现金流量这个词。

为什么既不是"过去"也不是"现在"，而是"未来"呢？

如果站在做出评价一方也就是企业的立场上思考这一问题，立刻就会明白其中的原因。无论一个人现在为公司赚了多少钱，如果从明年开始他一分不赚，对于公司而言，他也是没有任何用处的。这样讲虽然有些冷酷，但事实就是如此，无论一个人过去做出了多么辉煌的业绩，如果在将来无法为公司带来现金，公司也不会给予他很高的评价。

公司里特别引人注目的就是那些死抱着过去的成绩过活的人。

诚然，这位销售人员在过去的确是公司的大红人，销售额位居榜首，为公司做出了不小的贡献。如果是专业的棒球选手，他的名字一定会入选名人堂的精英史册，然而他只是一个在普通企业上班的普通员工，名字也不会被写入"精英史册"。公司可能会根据他过去的业绩稍稍多给他一些退休金，或者是将他调到一个比较轻松的部门，但在公司眼中，抱着过去的业绩不撒手的他已经成了一个"无法创造现金的包袱"。

那么，在周围人眼中，我们是不是一个可以在将来赚到钱的人呢？

未来可能获得的现金流量被称为"预期现金流量"。正如字面含义所示，这只是一种预测，没有人可以准确判断说"你就会赚这么多"。

当然，如果可以提前准确判断出一个人一年后、两年后可以赚多少钱，那人事部门就只录取、培养那些确定会赚钱的人就可以了。但由于没有办法做出这种判断，公司就只能够依靠预测做出评价。

因此，所谓"将来能够赚钱的人"，其实就是"让周围的人认为他是在将来能够赚钱的人"。

"过去"的业绩可以预测未来

预测一个人将来能否为公司带来现金时，所依据的标准是这个人过去做出的实际业绩。有时候也会考虑学历、资格证书等因素，但最具说服力的材料，还是这个人迄今为止为公司赚取了多少现金。

这种说法乍一看上去与前一节"过去的业绩一文不值"那个观点相矛盾，实则不然，下面让我们用金融的观点理解这一问题。

无论一个人在过去赚取了多少现金，他所赚取的金额都不会使他的价值有所增加，但这个金额却会成为了解这个人未来可以赚取多少现金的最重要的指标。上一节提到的一个人抱着过去的业绩不放手，其实是指公司认为他虽然在过去非常厉害，但未来不会再创造出一点现金流量。对于那些被认为今后仍然会赚钱的人，公司是不会使用"过去的业绩"这个词的。

总之，过去的业绩虽然对公司而言没有任何价值，但却可以利用它预测出一个人未来可以创造的现金流量，而现金流量的意义重大。

此外，我们站在企业的角度一想就会明白，要预测一个人未来所能创造的现金流量，参考资料当然是越多越好。如果只有过去一年的实际业绩，就很难判断出他明年是否仍能为公司赚取这么多现金；但如果过去五年他每年都取得这样的业绩，就可以得出结论说他明年也可以赚取这么多现金。

例如，A在过去四年中，每年都为公司赚取1亿日元，但是今年只赚了5000万日元。而B在过去的四年中基本没有取得什么成绩，但在今年为公司赚取了1亿日元。

如果这两个人的工作经验相同，那么明年有希望为公司赚钱的还是A。

因为A过去的业绩非常扎实，公司会认为今年业绩不好只是他的状态不佳，而B只不过是碰巧运气好罢了。

但A也不能掉以轻心。如果明年还不能为公司赚到钱，人事部门对他的评价就会下降，他也有可能会被人事部门称为"过去的人"。

如果今年业绩不佳，我们明年的成绩就十分重要了。为了使周围的人相信我们真正的实力是"能够一年创造1亿日元的现金流量"，明年就必须要达到之前的1亿日元的水平。

总之，获得公司高评价的人，是具有业绩恢复能力的人。

接下来，我们来考虑跳槽与现金流量之间的关系。

上一节提到的 A 如果继续留在这家公司工作，公司会认为他"今年只是偶尔没有正常发挥出自己的实力"。

但如果他在工作到第四年的时候跳槽到其他公司，进入到新公司后的成绩就是"第一年为公司赚取 1 亿日元，第二年赚取 5000 万日元"。新公司对 A 的评价就会是"这个人做得好的时候和做得不好的时候业绩差距特别大"——与之前的公司对他的评价完全不同。

此外，经常换工作的人，公司会认为他将来为本公司创造现金流量的时间也会很短。即使一个人每年可以创造大笔的现金流量，如果公司认为他会很快辞职，他在公司眼中的价值也会下降。

我这里并不是在说跳槽不好。为了追求工作的意义而跳槽，我对此持肯定态度，我自己在创业之前也曾换过两次工作。本书想要强调的，是在跳槽前要做好心理准备。

跳槽时，我们在原单位做出的业绩会成为自己的宣传材料，但当我们进入新公司后，一切将被重启，我们又需要事事从零开始。如果忘记了这一点，还一直夸耀自己在之前的公司做出怎样怎样的成绩，那么你在新公司既不会有所成长，也不会获得高评价。

无论是要跳槽，还是继续留在原单位，我们所能选择的最佳道路就是踏踏实实地不断做出实际的业绩。这些业绩会确确实实地转化为预期现金流量。

启动过程较慢也没有关系。只要踏踏实实做好工作并持续扩展自己的能力，我们就能获得公司的高评价。与赛马一样，比起一路领先的马匹，那些奋起直追的马匹会更有人气。

怎样"提要求"能提升上司对自己的评价？

如果我们经常观察上市企业的股价，就会发现有些公司的利润一直在增长，而股价却很低。

我们可以用低于其实力的价格购买一只股票，这看起来应该比较划算。然而，如果这只本来很划算的股票一直停在那里，涨不到它应有的价格，很明显就不再是划算的了。

因此，这家公司必须努力让股东们明白自己公司的实力，也就是必须开展"投资者关系（IR）活动"。具体来说，就是向投资者积极宣传自家公司的各种活动。有时还会进行路演

（Road Show），即公司高层去拜访实力雄厚的投资者，向他们宣传本公司的优势。

对于提高我们的自身价值而言，IR活动十分必要。在这个社会中，并不是说你只要努力工作，即使沉默不言也会受到别人的认可。**在公司获得高评价的人也很擅长让周围的人知晓自己的价值。**

而宣传自己的前提，不用多说大家也应该明白，就是必须要有可以客观地显示自己"有这么多的价值"的实际业绩。如果没有成绩，只是干巴巴地四处说"我很能干"，基本上会被大家无视。即便做出了成绩，也不是任何形式的自我宣传都能得到好的效果。一些不恰当的表达方式甚至还有可能会损耗我们好不容易积累起来的预期现金流量。

而最不可取的做法，就是明确表明自己想要升迁，诸如发表"我已经做出了这些成绩，希望可以任命我为课长"之类的言论。无论我们是否成为课长，公司的价值都并不会因此而增加。一些执着于升迁的人，他们拥有的只是公司内部的相对价值，如果公司认为他没有继续为企业增加价值的打算，对他的评价就会下降。

在某些情况下，可以适时向上司提出加薪要求。如果我们可以用数字证明自己获得的薪酬远低于自己为公司创造的现金流量，就值得向上司提议。

最能提高评价的要求是向上司表明"我想要做这样的工作"。诸如"我在过去的几年间做出了这些成绩，希望下次公司可以让我负责更大的项目"，或是"我希望可以调到其他部门去提高某项技能"等，这类积极的愿望有利于提高公司的价值，所以非常受到上层的欢迎。

若能证明自己升为课长后公司的价值会有所提升，也可以向上司提出自己想升课长的要求。这种时候，不要表现出自己想当课长，而是要向上司表明，自己升为课长后想要做些什么、会为公司带来哪些价值等。

总之，在进行IR活动时，不要从自身的利益出发，而是要站在"我能够在多大程度上增加公司的现金流量"这一角度进行阐述，只有这样，我们的要求才会被接受。

年轻时应该掌握的"三种基本能力"

无论是在哪家公司，新员工能做的工作都非常有限。在销售部门，一般来说，新员工最开始时都会负责小客户，一上来就参与大项目的可能性极小。

因此，年轻人很难赚取大额现金。而且很多时候，从赚取的现金流入中减去本人的人工费、教育研修费等现金流出，现金流量基本为负。

虽然如此，新员工的价值并非就是零。我在这里又要老生常谈：决定一个人的现值（PV）的，并不是他"当前的现金流量"，而是他"将来可能创造出的预期现金流量"。如果我们的预期现金流量高，就可以获得与之相称的评价。

经常观察现值公式，可能会发现，公式中出现的是"未来现金流量的平均值"。

这里的"平均值"是指"一个人一生平均下来可以创造出多少现金流量"。新人时期现金流出较多也没关系，只要我们能够在成为公司中坚力量后，创造出足以弥补之前现金流出的现金流入就可以了。

想要提高自己的预期现金流量，除了必须做到前文中提到的"业绩积累"，新员工还需要掌握一些"作为职场人士的基本能力"，这一点也十分重要。

即使我们踏踏实实地工作、努力积累业绩，但如果没有掌握基础的商业技能，也没有人会将大型工作交给我们来完成。一个永远只能做好琐碎工作的人，预期现金流量也会较少。

想要提升自己的预期现金流量，具体来说需要具备以下三种"作为职场人士的基本能力"。

首先是"能够区分使用尊敬语、自谦语、礼貌语的能力"。很多人认为自己具备这种能力，但其实他们记在脑子里的用法并不是正确的。

以前，有一个负责我司业务的女性银行职员就是这样。在向我递交文件资料的时候，她总会说一句"还请您拜读一下这些资料"。显而易见，"拜读"是自谦语，即使加了"请"，也不是向对方表达尊敬含义的措辞。我知道她本人并无恶意，原本应该是想要对我使用尊敬语。虽然我并不会因此生气，但还是会觉得这个人没什么常识。

语言是最大的交流工具。交流对象对我们语言的关注程度超乎我们的想象。有些人可能会认为："我还年轻，所以用错了词也没有关系。"遗憾的是，这句话放在职场上并不正确。

其次是"记住业务伙伴姓名与长相的能力"。合作企业与我司接洽的人员中，有些人在见过数面之后仍然记不住我方员工的名字。

与这样的业务伙伴开会时是何种情形呢？

两个人一对一开会自然好处理，如果是很多人一起开会，说话的时候就需要加上称呼，类似"某某先生您是什么想法呢"。但如果我们在说话的时候忘记了对方的姓名，就不能加称呼，只能通过眼神和手部动作的辅助来提示对方我们在询问他的意见。这样的举动很容易被对方认为没有礼貌，我们自己可能还认为这样做巧妙地掩饰了自己忘记对方姓名的事实，其实对方早已发现我们不知道他叫什么。

这个样子是没办法谈成生意的。没有人会想和一个记不住自己姓名的人继续做生意，甚至还会怀疑他是否有与自己合作的诚意。因此，我们公司会对员工进行彻底的培训，要求他们尽早掌握记住业务伙伴姓名与长相的能力。

第三也是最重要的一点，就是"严格守时的能力"。和用错词、忘记对方姓名这两件事不同，约定好了时间自己却迟到会给对方带来实质性的损害。迟到一次尚可原谅，如果迟到两次，信用值就一定会降到50%以下。毫无时间观念对于一个社会人而言无疑是一个致命的缺点。

上述三点，就是大家在年轻时至少要掌握的"作为职场人士的基本能力"。这三点能力全部都与人际交往相关。

对我们做出评价的不是我们自己，而是其他人，因此，我们必须确立起一个使别人想要评价我们的状态。

一个人没有办法正确地使用敬语、记不住别人的名字、开会的时候总是迟到，周围的人是不会将他列入好评名单的。只要我们还没有做出人人都认可的成绩，就必须不遗余力地将自己置于评价这一案板之上。

虽然我一直在强调年轻人要掌握这三种能力，但也有不少四五十岁的老员工做不到这些。因此，如果读者朋友们认为我说得有几分道理，就请从现在开始立即改正自身的不足吧。

受用终身的商务报告技巧

怎样做商务报告也是我希望大家尽早掌握的商务技巧之一。

为了能让他人给自己好评，我们必须要学会用自己的语言，通俗易懂地告诉别人我们将来能够创造出的现金流量。

"商务报告"，英文叫presentation，并不单单指在会议、商务谈判时汇报自己收集整理的资料；指导下属工作、在门店对自己销售的商品进行说明、在内部会议上熟练发言等，都可以算作商务报告的一环。如此看来，几乎没有不需要用到商务报告的工作。

很多人不擅长做商务报告，但其实只需要注意三点，我们商务报告的水平就能够明显上升一个台阶。

首先，就是要"说听众听得懂的语言"。

关于这一点，我本人就有非常痛苦的经验。我跳槽到外资银行后，曾经有一段时间跟随某位上司学习市场的基础知识，但他的话我基本上听不懂。刚开始我认为是自己太笨，情绪特别消沉，但有一天我忽然注意到一点——上司在对我讲解基础知识的时候，使用的全部都是专业术语。

如果听课的对象是和他相同水平的人，这种做法无可厚非，但实际上听课的是一个刚刚转职到这里，对于市场一窍不通的外行。面对这样的学生，讲课时还要大量使用专业术语，学生根本就没有办法理解。我的那位上司，可能是想要向刚入行的我展示自己精深的专业知识吧，他应该没有什么恶意。

高明的人能够在不使用专业术语的情况下，仅用非常简单、普通的词汇就把问题解释清楚。而这要比使用专业术语进行说明难得多。

我有一位医生朋友，他一直在自己的专业领域内用英语写作学术论文，然而他本人并不是非常擅长英语，我曾经故意捉弄他说："你居然也能用英语写论文啊。"他是这样回答我的："写学术论文只要用语法上的规范句型就可以了。反正使用的是专业术语，看的人自然明白我要说什么。反而是用日语写文章要难得多，因为要让外行人也能看得懂。"

总之，如果我们需要为非专业人士讲解一些专业性的内容，就要尽力避开专业术语，配合对方的知识水平进行解说，这一条可谓铁则。如果一直站在自己的小圈子里进行解释，只能表明我们没有为对方着想的打算，缺乏以顾客为导向的精神。

第二，就是"每次开口不要说三件以上的事情"。

无论我们的说明多么详细易懂，如果一开口就像连珠炮一样说个不停，对方也会跟不上节奏。我们抛出的信息过多，超出了对方脑容量的负荷，说完之后，他可能已经忘记了我们最开始说的是什么。所以大家在说话时，要有意识地将每次传达的信息控制在三条以内。

第三，就是"预先提醒对方自己接下来要说的内容是什么"。

如果一开口就直接聊正事，对方还没有做好心理准备，很可能会听不懂我们在说什么。如果能在说正事之前，先告诉对方"我今天要说明的是这一件事和那一件事"，对方就可以非常从容地接着听下去了。

下属的工作表现也会成为我们的价值

当我们在工作中逐渐积累经验，成为公司的中坚阶层后，人事部门评价我们时所参考的对象，就不只是我们自己赚取的现金数额，还包括下属的工作表现。也就是说，使他人的现金流量有所增长，也是我们自身重要价值的一部分。如何管理年轻职员、如何激发出他们的干劲儿，这些都是中层员工需要解决的永恒课题。

如果只是强制性地命令下属做这做那，短期内可能会有一些效果，但长远来看，结果还是负面的。由于害怕上司，心不甘情不愿地去做自己不喜欢的工作——出于这种原因去工作，下属是没办法成长的。无论何时都必须协助下属成长，这是我们作为上司的责任。

下属最讨厌的上司，就是万事以自己的利益为重，脑子里只想着如何使自己升迁的人。我之前走访一家客户公司时，就遇到了这样一个人。我们假设他叫作F。

那天是平安夜，年轻的员工们都想要和自己的家人或恋人一起度过。他们都在拼命工作，为的就是可以早点下班。但是F好像并没有这样的计划。他特意在自己的上司面前将下属叫来，对他说："这里的进度有些落后，你今天晚上把它做完。"

他似乎是想在自己的上司面前表现自己是一个万事以工作优先、不在乎今天过不过节的人，但被他强拽着一起工作的下属可受不了这种行为。F的行为根本无法抓住下属的心，虽然F一直在努力地宣传自己，可如果上司从下属那里听到了这些传闻，他还是没有办法晋升。

我还认识某人寿保险公司的一位部长S，他与F正好相反，常常令人心生佩服："这个人好擅长对付年轻人啊。"

S当时是我的客户，在公司里当部长。每次与S开会，因为他是部长，我们公司这边也必须有相同等级的人一同前往才不算失礼，因此我就会陪同部长等级的上司一起去拜访S。这种时候，我们这些小员工基本上去了也没有任何用处，参与谈话的只是两位部长大人而已。

但S在和我们部长开会时，还会抽空询问我的意见，甚至最后还会说一句"这个案子就拜托野口先生多多费心了"。

我当时只有三十岁左右，在S先生看来就是一个毛头小子。他居然会特意点名和这样一个人说话，这令我非常感动。为了不让他失望，我在做这个项目时特别拼命。

现在想来，那应该就是他的目的，但我确实心情愉快地完成了工作，S先生也获得了他满意的结果。对于双方而言，我们都获得了非常好的结果。所谓擅长差遣他人，应该就是指S先生这种吧。

下面的故事可能有些偏题，那是我还在外资投资银行工作时发生的事。

当时我正在工作，突然有一个没有听过的粗哑的声音从我背后响起："野口，美元兑日元的行情现在怎么样？"我回过头去，发现背后站了一个接近两米高的彪形大汉。我认得这张脸，他是从美国前来视察的公司总裁。

当时，我只不过是地方分行一个部门的小领导，他就这么轻松随意地和我搭了话。当然，对他而言，我只不过是众多职员中的一个，但对于员工而言，他却是一个远在云端的人。能被他搭话，哪怕只是社交辞令，对于普通员工来说也是极大的工作动力。

站在公司的角度，上司这种没有任何成本花费的举动，却可以赋予下属极强的动机去努力提高自己的现金流量。以金融视角来看，这是非常合理的行为。

聚会"转场"去不去？

公司职员的工作、生活都非常忙碌。如果想要学点什么来提高自身的价值，就必须想方设法挤出一点时间。理想状态是充分利用在公司的时间，通过实际工作来提升自己的价值，但有时候每天的工作忙得不可开交，根本没有时间来提升自己。

如此一来，就只能利用下班后的时间来充实自己，但是像聚餐这种公司内部活动常常会占用我们的业余时间。

究竟应不应该参加公司的聚餐呢?

我个人的观点是，还是应该参加的。虽然参加聚餐会占用重要的学习时间，损失极大，但如果固执地拒绝参加聚餐，就会被周围的同事当作怪人，这同样也很危险。只要我们有创造现金的能力，无论是不是怪人，公司都会合理地评价我们。话虽如此，但为了能创造出更多的现金，我们应该在某种程度上融入职场，这样方便在工作时得到周围人的协助，办起事来就会顺利得多。

所以，公司的聚餐应该参加。但是只参加当天的第一场就可以了。没有必要继续参加之后的二次会①和三次会。二次会和三次会时，大家基本上也说不出什么有意义的话题，最后就会变成"牢骚大会"。那些喝得醉醺醺、在二次会上絮絮叨叨说个不停的人，自身的价值本来就不高，而且越是这种人，越喜欢互相扯后腿，与他们结伴没什么好处。与其被拉到这些没有前途的小团伙中，还不如让他们觉得你是个难交往的人。

而且，总是参加完一次会就回家的人，偶尔在二次会露个脸，大家会觉得特别惊喜。甚至还会非常感谢他当天能够参加

① 在日本，聚餐结束后，大家换场地接着喝酒被称为二次会。——译者注

二次会。

像这样一年参加一次二次会，即使平时总是参加完一次会就回家，也不会有损我们的人际关系，所以，请大家放心地说出"不好意思，我要先走了"。

会拒绝，不见得要直说"我不想做"

如果一个人工作效率很高，他就能在规定时间内完成工作，可能时间还有富余。但实际这种状态很难达到，即使我们努力地提前完成了工作，在刚刚完成的瞬间就会有人来拜托我们去做下一件工作。

对于这种工作请求，我们应该忍耐到何种程度，这个很难判断。但至少，我们没有必要将接二连三交代下的工作全接下来。如果不懂得拒绝，就会变成越是能干的人工作负担越重，在做最重要的工作时，效率也会下降。

例如，我们在进行复杂的计算时，有人拜托我们去做一些杂务，如果离开座位去做那些事情，一会儿回来就得重新开始计算。本来一个小时就可以完成的工作，现在需要多花一倍的时间，这不仅增加了我们自己的负担，还损害了公司的利益。

因此，在做一些需要集中注意力的工作时，最好可以拒绝那些不太紧急的事情。你可以向对方认真解释清楚："我优先做自己的工作是因为这些原因，如果现在去做你交给我的工作，会影响我完成优先程度较高的工作。"这样即使拒绝了对方，人事部门对我们的评价也不会下降，所以不用担心。

新人可能需要接受很多别人交办的工作，但成为公司中层后，如果还是对别人交代的工作来者不拒，就没有办法高效地赚取现金，也就永远没有办法提升自己的价值。

但是，不能用"我不想做"这种理由去拒绝。我们拒绝某件工作，并不是因为对工作挑肥拣瘦，喜欢的就做，不喜欢的就拒绝。

只有在以下这种情况时，我们可以拒绝某件工作：如果接受了这件工作，反而会有损公司的利益，并且我们可以有逻辑地向上司解释清楚其中的缘由。

如果我们可以做到这一点，合理地安排自己的工作时间，早完成工作早回家的情况也会增多。我们可以将这些省下来的时间用于学习，提高自己的价值，也可以用来好好休息，养精蓄锐。无论是哪一种情况，公司最终都会受益。

如果完全不考虑这些，只要是别人交给我们的工作就全部接下来，情况又会如何呢？我们自身的价值无法得到提高，到头来就只能是别人眼中的一个"好使唤的员工"罢了。

当上司考虑将一些杂活儿交给哪一位下属去做时，脑海中最先浮现出的就是"好使唤的员工"。所以这些人才会接连不断地接到那些人人都可以去做的杂活儿。如此一来，这些人就总是在做一些琐碎的工作，没有时间和精力去参与更大的项目。

能让别人想将工作交给我们，笼统而言是一件很有面子的事。但既然要做，我们还是应该去做那些有利于自身成长的工作，同时，也必须努力成为更好的自己，让别人将这些工作放心地交给我们。

如果要将自我成长放在人生首位，学会拒绝，控制自己的工作量也是十分重要的。

世间万事均为"利益交换"

据说迅销集团（Fast Retailing，拥有品牌"优衣库"）的董事长兼首席执行官柳井正与初次见面的人交谈时，最先提出的问题就是："你能为我带来什么？"恐怕是这位大人物工作繁忙，为了避免浪费时间，才会直接提出自己最想知道的问题吧。

很少有人会像柳井正一样在提问时直击要害，但这个问题确实是全世界企业经营者共同的心声。经营者都希望只与能为自家公司带来利益的生意伙伴合作，都希望只雇用能为自家企业赚取现金的员工。

不止企业经营者如此，普通职员和消费者也是一样。如果一个人可以为我们带来某些利益，我们就会给他好评，如果一个人对我们没有付出只有索取，我们就没有办法对其真心相待。

逆向思考，我们就可以得出结论：想要获得一个人的信赖，首先就要进行彻底的"给予大作战"，这一招非常有效。所谓"利益交换"，要先"交出去"，之后才能"换回来"。

有能力的保险销售人员应该对这条结论深有体会。优秀的保险销售人员在与初次见面的客人交谈时，是不会一开口就要客人买保险的。他们会先释放出一些能为客人带来利益的信息（交出去），如："这次的税制发生了一些改变，您知道吗？"像这样，信赖关系建立之后双方才会正式进入商业洽谈，最后成功签约（换回来）。

优秀的人不只是在应对客人时采取"利益交换"的策略，在与同事交往时也是如此。他们毫不吝啬地向周围的人传授自己的工作诀窍（交出去），获取他人的信任，之后自然而然地就能收集到许多信息（换回来）。周围的人会认为："这个人应该还知道许多事情吧……"人们对他会抱有很大期待，对他的评价也会相应升高。

而且，将自己的工作技巧教给别人也属于成果输出，可以练习做商务报告。既可以收集信息，又可以提升评价，还可以锻炼商务报告的能力，"利益交换"可谓是一石三鸟。

另外，有些人舍不得告诉别人自己的工作诀窍，只是一味地从别人那里打探信息。这种人最终只会被排除在信息网之外，受损失的还是他们自己。虽然大家都是伙伴，但是只索取不付出的处事方法是行不通的。

与其争当世界冠军，不如以地区第一名为目标

要使现金流量最大化，"在什么样的公司做什么样的工作"也是非常重要的影响因素。

我从大学毕业到着手自己创业，其间大约经过了二十年。在这二十年中，我先后在三家公司工作，分别是一家日系银行和两家外资金融机构。

在这三家公司工作时，我明白了一个道理：无论是什么样的企业，员工刚入职时能力并没有太大差距，因为企业的格局与员工的水平几乎是相匹配的。例如，一流大企业的录用考试

竞争激烈，录用率极低。能够顺利通过考试的人，要么就是优秀的应届毕业生，要么就是在之前的工作中做出很大成绩的专业人士。

但是经过数年、数十年，员工间的能力差距就逐渐拉开了。同一时期入职的人中会明显区分出哪些人很能干，哪些人不能干，哪些人的人事评价高，哪些人的人事评价低。

那些人事评价低的员工并没有在工作中偷懒。任何一家公司的员工，基本上都是非常勤奋的。

那么为什么他们一直都在努力地工作，却得不到高人事评价呢？因为很多人都决定去做"和大家一样的事情"。他们无法掌握不同于周围人的技能，最终只能湮没于众人之中。

我在这里向大家推荐的生活方式，是要在狭小的世界中争做最优秀的那个人。我并不想要吹嘘自己，但我当年在外资企业之所以能够获得高评价、高薪酬，最大的原因应该就是我在狭窄的领域中钻得特别深。

我从日系银行跳槽到外资银行后，过了大约四五年，日本的金融市场出现了一种被称为金融衍生品的金融商品。金融衍生品是从股票、债券等标的资产中派生出来的金融交易，包括期权交易和掉期交易。

当时，金融衍生品在日本出现的时间还不长，即使是在金融界也很少有人精通期权交易，在东京能称得上期权专家的人恐怕还不到30人。我从中发现了在竞争中取胜的机会，开始自学相关知识。结果我在业界调查中，连续三年被评为金融衍生品专家榜第一名。

我能成为期权交易方面最优秀的专家，并不仅仅是因为足够努力。当然，我多少也付出了辛苦，但和在更大的专业领域拿到第一名相比，在小领域拿到榜首要轻松得多。

参加世界锦标赛的运动员，都是千里挑一、万中选一的顶尖人才，想要在这样的比赛中获胜，必须付出超乎常人的努力。但如果要在只有30个人参加的地区比赛中拿到第一名，就没有那么困难了。而且，无论是什么样的比赛，金牌就是金牌。

我也是因为在金融衍生品界做到了第一名，才获得了更高的评价和更高的薪酬。

无论是什么年代，都会出现一些新的领域。虽然这些领域在当前关注度很低，但将来必然会成为人类生活不可或缺的一部分，20世纪90年代的金融衍生品就是一例。

不随大流，不走大家都走的路，而是张开自己的触角找出一条新路，并努力成为狭窄世界中的第一名——这才是最有效的提升自我价值的方法。

市场预测能力差的人，才会选择最热门的公司

能否提升自己的价值，取决于个人的思想准备。无论我们是在什么样的企业做着什么样的工作，只要时刻意识到要提高自己的"赚钱能力"和"信用程度"，就可以真真切切地提高自己的现值（PV）。

然而现实却是，在有些公司工作容易提高PV，在另一些公司工作却不容易提高PV。因此，**如果有读者朋友正在考虑换一份工作，希望你一定要以"能否提高自己的PV"为标准选择下一家公司。**

而在挑选供职企业时，最不合适作为标准的，就是公司的"人气"。一家公司的人气很容易发生变化，可信赖度极低。

20世纪80年代，我刚刚毕业在找工作，当时东京大学、京都大学的毕业生基本都不会去外资银行工作。但2001年当我跳槽到外资投资银行时，日本突然掀起了一阵外资银行风潮。银行内部只打算录取极少的应届生，但却有几百个东京大学的毕业生投来简历。外资银行人气攀升的原因在于它们打破常规的员工待遇，据说破产的雷曼兄弟公司为研究生刚毕业的新员工提供的年薪居然高达1500万日元。

大家一窝蜂地跑去外资银行上班，接着在2008年，全球金

融危机爆发。借此机会，外资金融机构过分离谱的薪酬体系得到了重新调整，学生中的外企热迅速降温。而那些几年前击败众多竞争者最终成功入职外资金融机构的优秀年轻人，很大一部分都选择了离职。

一家公司的人气高低会受到企业经济周期的影响。企业处于上升阶段时，人气上涨；企业处于下降阶段时，人气也会开始下滑。无论是多么优秀的企业，都难以保证永远处于上升阶段，可以说巅峰过后，必将迎来一段下坡。也就是说，如果一家企业处于人气巅峰，那么不久后，它就极有可能迎来下滑期。

即使一家企业的发展势头一直非常好，我们入职后也不一定就可以大显身手，做出一番事业。高人气企业内自然集结了一大批优秀人才，想要在这些人中脱颖而出，获得超高评价，就必须付出极大的努力。

要进入一家高人气企业很难，入职后想要获得高评价也非易事。即便这样，如果你仍然仅仅以人气作为选择求职企业的标准，那我只能说"你对市场行情的预测能力很差"。

想要在职场获得高评价，我们的着眼点就不应该是眼前的福利待遇，而应该以"自己想要从事的工作"为衡量标准确定入职企业。否则，我们就没有办法创造出长期的现金流量。

选择新公司，首先要看"PBR"

高价值的人才，就好像是一只可以下金蛋的鹅。如果养的是一只普通的肉鸡，我们会把它去毛开膛，处理好后按重量卖掉。鸡有多重就卖多少钱，无法创造出更多的现金流量。然而这只鹅却可以一直下金蛋，将来能够持续带来巨大的现金流量。

公司想要的自然是可以下金蛋的鹅，而不是肉鸡。并不是所有的公司都能驯养这种鹅。如果一家企业不擅长利用手中的人才，就好像是好不容易得到了一只优秀的鹅却没能力让它下金蛋，最后没办法，只能把鹅当作肉鸡来养，创造一次性的现金流量。

如果我们希望自己成为一只可以下金蛋的鹅，就应该进入一家擅长养鹅的企业。其实就是选择一家易于提升自我价值的公司。

那么，我们应该如何分辨哪些公司易于提升自我价值、哪些公司不易于提升自我价值呢？

分辨的窍门，就隐藏在公司的资产负债表中。

本书在第1章中曾解释过，将一家公司资产负债表中登记的资产换算成市价后，表格的左右两侧一般是相等的。

将商品库存、不动产等资产全部清算之后，公司资产只有

10亿日元，而公司的股票总市值（以市价为标准的价值）却有20亿日元，这时，表格左右两侧就不平衡了。

而能够填补这10亿日元缺口的，就是这家公司的人才和品牌力。因此，一家公司的资产清算价值与股票总市值之间差额越大，就说明这家公司饲养的能够下金蛋的鹅越多。

而能够更加严密地算出这一比例的，就是股价净值比（PBR）。PBR是表示股票总市值（通过现金流量计算得出）与公司清算价值之比大小的指标。当股票总市值是清算价值（资产净值）的2倍时，我们就说"PBR 2倍"。

在PBR较高的公司中，创造现金的不是商品和工厂，而是人和品牌力。如果在一家公司中人才有较大的余地去发挥自身能力，那么在这家公司工作，提升自我价值的机会也就较多。

我们在网络上可以很容易地搜索到各家上市公司的PBR以及它们的排名。我们会发现，有些公司的PBR排名，和它们在商业杂志等机构发布的人气企业排行榜中的排名完全不同。

例如日本停车场开发这家公司，规模并没有很大，但它的PBR水平却很高，约为15倍（2015年7月）。这家公司主要从事的是停车场管理等业务。

由于停车场的管理大部分都依靠机械操作，我们一般都会认为，人在这一行业有所作为的余地非常小。但这家企业却反其道而行，用人去引导车辆停放，与竞争对手们显现出差异。一些人告诉我，如果这家公司的引导员是年轻女孩儿或者是动作麻利的人，他们就会选择在这家停车场停车，而不是机械化的自助停车场。

如上所述，日本停车场开发公司依靠人而非机械来创造现金流量，与只依靠机械设备的同业相比，在这里工作绝对更容易提升自己的价值。

一些PBR较低的公司，很可能不会将人才当作会下金蛋的鹅来对待，而是将其看作与机器、原料一样的东西。在这样的职场中，无论我们是否有才能，都不可能发挥自己的个性，无论是多么优秀的人才，也只会被当作一个齿轮来使用。

如果我们可以利用公司的资产来创造现金，那没有任何问题；但如果我们自己会变成公司资产的一部分，被公司当作工具使用，那就应该避开这家公司。

在"品牌力"过高的公司上班，实力有时很难发挥

我们在参考PBR时，还需要注意一点。

PBR不仅包括人才的价值，还包括品牌的价值。因此，在

品牌力极高的公司内，人的价值就会相对较低，个人的实力有时会难以发挥。

世界一流品牌的专卖店就是如此。

世界一流品牌专卖店的售货员，都会给我们一种言谈有礼、举止高雅的印象。但是他们的金融价值却未必很高。

我不是一个很讲究名牌的人，但偶尔也会买买。前不久，我就买了一个某品牌的手提包。

可能是我平时拿包的方式比较粗暴，还没用一个月的时间，把手的地方就有一点开线了。我觉得这样有点不太好看，就联系了我当时购买此包的专卖店，对方告诉我修理费用要10万日元。因为包才刚买不久，我试图和对方沟通希望可以减免修理费用，但对方回复说本店所有商品都不提供保修服务，冷淡的态度令我有些无所适从。

之后我询问了一位了解详情的朋友，得知店员之所以态度冷淡，是因为这些奢侈品店不希望普通人成为他们的回头客。也就是说，如果普通人可以拥有很多该品牌的商品，品牌形象就会受损，因此，他们会尽量避免同一个人多次购买该品牌的商品，当然名人富豪不在此列。

这也是一种做生意的方式。这些企业努力将自己的品牌力提升到如此高度，我真的非常佩服。

但是，在这些企业工作对我们自身而言未必就是一件好事。

一流奢侈品店的顾客，基本上都是因为喜爱这个品牌才会到店里购买，销售人员的待客方式不会对他们产生决定性影响。说得极端一点，无论是谁来销售这个品牌的产品，都能够卖出去。

在这种情况下，销售人员基本上很难有机会去提高自己的金融价值。当然，他们在工作中可以掌握彬彬有礼的待客方法，但他们却很难有机会得到锻炼去创造现金、提升自我价值。

从"座椅"看出等级制度

我们在就业时，明智的选择是远远避开那些等级制度森严的企业。

有些公司上下级关系森严，下属不得反抗自己的上司，在这样的职场中是没有办法发挥自身能力的。而且，想要在这样的公司内掌握发言权，就只能去获得更高的职位，因此，公司职员的奋斗目标往往就不是自我成长，而是升迁发迹。很久之前的日系银行，就是这样的地方。

如果我们想要了解一家公司的等级制度严格到何种程度，

可以去观察员工们的"座椅"。

在日本，说一个人"坐上了总经理的椅子"，就表示他当上了总经理。而在日系银行内，不同职位的员工，座椅真的有所差别。普通职员坐的是没有扶手的小椅子，股长的座椅比普通职员的多了一个小扶手，课长的座椅比股长的靠背要大一些，而部长座椅的椅子腿上带有银标牌。职位每升一级，座椅都会随之变得更气派一些。

普通职员只能坐普通职员等级的座椅。如果银行里普通职员等级的座椅不够了，即使股长等级的座椅还有多余的，相关工作人员也会专门去购买普通职员用的座椅。他们对于这一等级制度贯彻得非常彻底。

与之形成对比的是创业公司等类型的企业，即使公司规模较大，总经理和普通职员的桌椅也是一样的。这种企业的风气也比较自由随意，员工无论职位高低，都可以找到能够充分发挥自身能力的土壤。

我们在去一家公司面试或者办事的时候，可以暗中观察一下他们的座椅。

重视自我成长，选择"业界第二"

如果我们想要进入一家易于提升自己金融价值的企业，相比业界的龙头老大，那些排名第二、第三的公司会更加适合我们的发展。

大公司基本上都有自身的品牌力，品牌会对我们的工作起到一定的帮助，同时，也会在一定程度上限制我们的发展。如果商品可以很容易地销售出去，销售人员渐渐就会懒得钻研销售技巧，他们创造现金的能力就会变弱。

特别是那些在各行各业中稳居业界头把交椅的著名企业。这些企业的员工自然非常优秀，但由于企业的品牌影响力，他们想要做成一笔业务不需要特别辛苦，因此一般来说，这些企业很难形成努力创新的文化氛围，比较死板。当然，也有很多排名业界第一的企业，花费了很大精力进行员工教育，试图消除员工的名企意识，但稍有疏忽还是很容易有这种"第一名"的自豪感。

而那些排名业界第二、第三的企业，在业务上稍稍处于不利地位，所以公司员工为了业绩都会在各个方面狠下苦功。再加上这些公司有很强的欲望去追赶第一名的企业，公司内的员工很多人也都不是优等生类型的人才，工作环境也非常有趣。

而且，有些业界第二和业界第一的企业，在规模格局与实力方面的差距并没有那么明显。但是它们在企业文化上的差距确实存在。

日本长期信用银行（现在的新生银行）就确实体现了这一点。

年轻的读者朋友们可能不太清楚，在过去，日本有一类银行被称为"长银系"，而"长银系"的业界第一就是日本兴业银行（兴银），业界第二就是日本长期信用银行（长银）。之后，兴业银行与其他银行合并成为瑞穗银行，而长期信用银行受到经济泡沫破裂的影响最终破产，很多的员工因此被迫更换工作。听说很多长银的老员工在换工作后很快就习惯了新公司的企业文化，还有很多人选择了自己创业（这里不讨论创业的规模大小）。

这些长银的老员工之所以能够非常顺利地跳槽或创业，我认为是由于他们身上有着"业界第二"的企业所特有的"以顾客为导向"的精神。

在兴业银行与长期信用银行二者中，几乎所有的顾客都会选择兴业银行——他们认为兴业银行更加可靠。这是由于兴业银行的品牌力更强。而长期信用银行的员工为了从兴业银行手里夺取客户，必须绞尽脑汁寻找方法。他们会站在顾客的角度去思考如何取悦顾客。排名业界第二及其之后的企业要比业界第一的企业更容易养成这种心态。

如果职场较小，那么职员个人的裁酌与责任也就相对较大。本章最开始所举的"玩具箱"的例子中也曾提到的，很多时候，公司规模的大小与员工所能做的工作的大小是成反比的。

要抬轿，而不是坐轿

大企业中还存在一种问题，那就是有很多"不工作的工蚁"。

很多人都听说这样过一句话："有八成的工蚁并没有在工作。"其实，在人类的公司中，也存在着同样的现象，只有一部分的工蚁在抬神轿，剩下的工蚁都只是坐轿而已。

所谓坐在神轿上"不工作的工蚁"，其实就是那些不努力赚取现金，却拼命收集人事信息、只关心自己如何在各个派系间自如游走的人。

拥有大量"不工作的工蚁"的公司，绝大多数都是大型企业。规模大、财力基础雄厚的公司，即使不那么努力，也可以赚取一定的利润，如此一来，就容易滋生很多不工作的工蚁。说得极端一点，一家有着数万名员工的大企业，即使从明天起有一半的员工不来上班，这家公司也不会马上破产。

而小企业就没有这么轻松了，如果大家不一起抬着神轿，企业就会破产。因此无论员工是否自愿，他都必须是抬神轿的人，即必须创造现金的人。

大家应该都看得出来，相比在大企业坐神轿，在小企业抬神轿更能够提高自己的价值。另外，大企业的神轿规模比小企业的要大得多，在大企业抬神轿更有意义，这一点也是事实。然而在大企业工作时，如果我们没有一直抬轿、永不坐轿的觉悟，也同样没有意义。

如果你不是应届毕业生，而是要跳槽到一家新的公司，我也推荐你选择业界第二、第三的企业。日本传统的大企业有很强的纯洁性思想，他们比较喜欢一毕业就进入本公司工作的员工，我几乎没有听说过有人跳槽到这些大企业后能升到极高的位置。与其在第一名的企业内束手束脚地工作，不如到第二名、第三名的企业中充分发挥自身能力，不断提高自身价值，我们的压力也会小得多。

如何提升你的"信用"？

——降低折现率

我为什么会一下子谈到"信用"这个主题呢？本书并不打算在这里讲一通社会人士的伦理道德来敷衍大家。请大家回想一下本书的主题——评估公式。

$$现值（PV）＝未来现金流量的平均值（CF）÷折现率（R）$$

外界对一个人的评价是由 CF÷R 的值来决定的，我们从中可以发现："想要提高别人对自己的评价，不仅需要增大现金流量，减小折现率也同样重要。"

实际上，这里的折现率与"信用度"有很大关系，信用度越高的人，他的折现率就越小。因此，成为一个被别人信赖的人，有助于提高我们自己的价值。

我再次重申，这并不是从道德观的角度对大家进行说教，而是一种金融理论。

下面我们将对这一理论进行具体的说明。

折现率是一把表示不确定性的标尺

一个人的折现率越低，他的现值（PV）就越高。

这里的折现率实际是一个衡量风险高低的比例。现金流量的风险越高，折现率越高；反之，风险越低，折现率越低。

在日本，风险最低的现金流量就是日本国债。因为只要日本政府不拒绝履行，借给国家的钱就一定可以收回来。

从这层意义上讲，折现率反映的是现金流量的信用度。像国债这种信用度高（风险低）的产品，折现率相应较低；相反，像消费信贷这种产品，借款的人信用度越低（风险越高），折现率（利息）也就相应越高。

所谓高风险（低信用度）究竟是什么意思呢？大家认为以

下三家企业中风险最高的是哪一家呢？参考图1。

A公司的当期纯利润在开始阶段处于停滞状态，中途突然扭亏为盈，利润大幅增长。

B公司这十年间的当期纯利润基本没有大幅变化，保持着一个比较稳定的水平。

C公司最初当期纯利润较好，但中途利润下降，最后处于赤字状态。

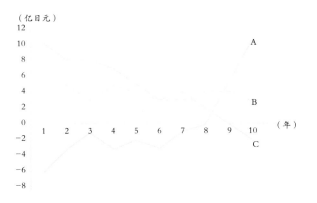

图1　三家企业当期纯利润变化图

大家应该会很自然地认为，当前经营状况最差的C公司风险最高，最近利润呈增长态势的A公司风险最低。

但以金融观点来讲，A公司与C公司的风险同样都很高，更严谨一点来说，A公司的风险还要比C公司高一些。而看起来平淡无奇的B公司其实风险是最低的。

有些读者可能会感到非常不可思议，但其实风险并不是危险，而是可以提前预计到的"不确定性"。

不确定性是指"对将来情况做出预测的难易程度"。B公司在十年的时间内，几乎每一年的当期纯利润都差不多，所以我们可以判断出，下一年它极有可能还可以赚取这么多的利润。

而A公司在前七年半一直是赤字状态，最近两年业绩迅速好转。到明年它也许还可以继续盈利，但后年可能就会又变成赤字。这就是日本人常说的"山高，则谷深"。

总之，风险与当前的情况无关，它是表示对将来进行预测的难易程度的指标。我们由此也可以得知，所谓风险低，其实就是指现金流量非常稳定。

如果一家公司每年都可以取得比较稳定的成绩，外界就会认为它风险低，值得信赖，因此，它的折现率也会降低。

为何有的公司利润低而股价高？

下面我想谈谈东方乐园公司（Oriental Land Co.）的股价问

题，内容可能会有一些专业。东方乐园公司是东京迪士尼乐园的运营商，在民众中的知名度很高。2015年7月，东方乐园公司的股票总市值（即该公司股票在股票市场中的估算值）大约为3万亿日元。该公司在2014年4月1日至2015年3月31日这一决算期内的当期纯利润为720亿日元。

而理索纳银行的控股公司——理索纳控股（Resona Holdings Inc.）的股票总市值约为1.6万亿日元。该公司在2014年4月1日至2015年3月31日这一决算期内的当期纯利润为2100亿日元。

没错，东方乐园公司赚取的当期纯利润只有理索纳控股的三分之一，股票总市值却是理索纳控股的约1.9倍。

为什么会出现这种现象呢？答案就是，因为两家公司的折现率不同。这里再次使用之前多次提到的算式进行说明。

如果我们假设明年及之后数年的利润额都与今年的利润额大致相同，那么"现值（PV）＝未来现金流量的平均值（CF）÷折现率（R）"这一公式就是成立的。我们将公式变形为"R＝CF÷PV"来计算各个企业的折现率，东方乐园公司的折现率为2.4%，而理索纳控股的折现率为13.1%。

折现率的差距，反映出两家公司现金流量的风险情况。观察两家公司过去的利润变化情况可知，东方乐园公司的利润一直在稳步提升，而理索纳控股的利润状况虽然最近有所好转，但由于受到2008年全球金融危机等因素的影响，业绩大幅下降，变动非常剧烈。

这也是由企业的特点、行业的差距等因素共同决定的。

我们在实际观察股价变化情况时也会发现，东方乐园公司的股价确确实实是在不断上升，而理索纳控股的股价则上下波动幅度较大。

东方乐园公司运营的东京迪士尼乐园从开园至今仍享有极高的人气，没有有力的竞争对手。入园人数一直居高不下，还吸引了以亚洲游客为主的很多外国游客。即使门票上涨，即使经济情况稍稍恶化，迪士尼乐园的铁杆粉丝们还是会来到这个梦幻的国度。

而理索纳控股所属的金融业则会直接受到经济景气与否的影响。经济景气时，银行贷款量增加，利润也会相应增加；但经济不景气时，贷款状况也会比较差，甚至还会出现最坏的情况——部分企业无力偿还贷款。因此，理索纳控股的现金流量风险较高。

这种情况并不仅仅发生在理索纳控股一家公司身上，整个金融业都是如此。无论一家公司多么努力，都没有办法控制经济情况的变动。

折现率较低的企业还包括燃气公司等。我们不会因为经济景气渐好、工资增加，就一天泡澡好几次；相反，也很少有人会由于经济情况恶化就将泡澡的次数缩减至一周一次。所以燃气消费也基本上不会受到经济情况变化的影响。

你的工作，"风险"和"目标收益"是多少？

每个行业、每家企业的折现率都各不相同，在这些行业、企业工作的人，其折现率也会因所从事的工作不同而存在差异。

无论一个人可以创造出数额多么巨大的现金流量，只要他的折现率高，价值就会降低。这是金融世界中不变的真理，但却很少有人将这条真理套用在自己身上。

资金管理人（Fund Manager）负责用股票、债券赚取巨额利润，然而他们并非都是特别优秀、具有金融价值的人。即使某一年赚到了100亿日元，下一年也可能出现200亿日元的损失。如果一个人在好年景和坏年景时创造的现金流量差距极大，那么他的折现率也会很高，因为他们从事的就是那种有风险的工作。

再具体一点来说，公司将1万亿日元的可投资资产交给资金管理人，即使是特别无能的人，用这些钱购买利率为0.5%的国债，至少也能获得50亿日元的利润。

一个人所赚利润的绝对数额不会直接转化为他自身的价值。世上常常有这样一种人，他们总在吹嘘自己为公司赚了多少多少钱。这些人应该了解这样一个事实："**只有当一个人赚取的利润超过公司为他制定的目标金额时，他的价值才会被承认。**"

假设一个资金管理人负责利用1万亿日元进行投资，如果公司设定目标收益率（收益与投资的比）为5%，那么这个人只有在赚取500亿日元以上的收益时，公司才会给他好评。

另一个销售人员，每年都可以稳定地从顾客手中赚取10亿日元的手续费，他与资金管理人不同，不可能因投资失败而为公司带来损失。因此，在公司看来，他所赚取的10亿日元现金流量的价值，要高于之前提到的那位资金管理人所赚取的100亿日元的价值。

这种情况下，我们就可以认为销售人员的"折现率"要低于资金管理人。

也就是说，公司对于员工的评价，不是依据他所赚取利润的绝对数额得出的，而是要看他取得的结果是否高于目标收益。

但这不代表高风险的工作就不好，低风险的工作就好。没有风险，就没有赚钱的机会，因此，任何工作都有风险。

本书想要让大家记住的是这样一个事实：如果我们从事的是高风险的工作，公司希望我们取得的目标收益也会较高，如果从事的是低风险的工作，公司希望我们取得的目标收益也就较低。

重要的是，我们要对自己所从事的工作的"风险"与"目标收益"有一个准确的把握，带着这份认知努力地完成自己的工作。

业绩可以降低折现率

日本手机通信业中，日本NTT通信公司、KDDI（au）、软银三家称霸，竞争激烈。2013年9月，三家通信公司中最晚成立的软银，股票总市值超越了日本NTT通信公司。

此后，日本NTT通信公司曾两度夺回总市值第一的宝座，但如果将负债额计算在内，软银在企业价值总额方面还是一直维持着第一的地位。

背后的原因，除了软银的现金流量一直在增长之外，还在于它的折现率不断下降。刚开始时，软银的赚钱能力虽然得到了社会的公认，但还是远远追不上日本NTT通信公司。

原因就在于折现率。简单来说，就是软银没有日本NTT通信公司的信用度高，所以它的折现率就高。

软银的总裁孙正义，连续实施了一系列划时代的计划，使公司得到了迅速发展。但也有人觉得"不知道这家公司接下来会做些什么"，股东们抱着"公司现在只是碰巧发展得比较好，下次可能就不会这么顺利了"这样的想法，冷静地对软银进行观察。

这几年来，软银一直在努力创建可以确保利润增长的商业环境。它从事有风险的业务，市场对它的评价也转变为"虽然仍背负着风险，但已经成长为一家可靠的企业"。由此，软银的折现率下降，股价（即现值PV）上涨。

衡量个人信用度的标准与衡量企业信用度的标准相同，都是风险的大小，即现金流量的稳定程度。

有些人虽然赚钱的时候能赚很多，但不能赚钱的时候一分也赚不到，与这类人相比，那些赚不到大钱也捅不出大娄子的人风险更低，也更值得相信，他们的折现率也就更低。

决定个人价值的因素与决定股价的因素相同。无论一个人赚取现金的能力多么强，如果别人认为他不能够被信任、发展不稳定，他的折现率就较高，PV也就上不去。

相反，即使赚取的现金流量数额不变，仅仅折现率减半，这个人的PV也能增长一倍。折现率就是如此重要。

为了增加自己的价值，我们在提高赚钱能力的同时，还必须提升自身的"信用度"。

即使我们赚的钱没有很多，只要每年都可以踏踏实实地做出业绩，折现率就会下降，信用度也会提升。

积极迎接挑战也能降低折现率

实际上，决定折现率大小的因素并不只有风险。

正确来讲，"折现率＝风险–增长率"。

一些企业和个人的风险虽然比较高，但如果大家都预计其今后的现金流量会有所增长（增长率为正），那么其折现率也会相应有所下降。

前文中提到的东方乐园公司就是如此。虽然大家都认为它是一家低风险的公司，但2.4%的折现率是不是太低了呢?

我们假定东方乐园公司原本单纯反映风险的折现率是4.4%。但如果世人认为这家公司今后的利润能以每年2%的水平稳步增长，其真正的折现率就变为"4.4%–2%＝2.4%"。

一些正在开展新业务的创业公司，当前阶段虽然没有赚到那么多的现金流量，而股价却很高。这也是因为这家公司将来的高增长率反映在了折现率上。

个人的折现率情况也是如此。

即使一个人过去取得的成绩并不十分稳定，只要他最近的成绩确实一直处于上升状态，他的折现率也会相应降低。因此，是否应该只追求稳定的业绩而放弃迎接挑战，就成为摆在我们面前的一道难题。

积极迎接工作中的挑战，虽然可能伴随着一些风险，但只要能让别人认为我们的业绩会不断增长，我们自身的折现率就会下降。

今天的100万，要比10年后的200万更有价值

这一节我们将思考价值与时间的关系。

A先生如果踏踏实实地工作，取得实实在在的成绩，在30年内能为公司带来10亿日元的现金流量。

B在最初工作的10年时间内，为公司赚取了10亿日元的现金流量，但之后基本上没能赚取一分。

那么，A和B谁的价值更高呢？很多人也许会认为，现金流量非常稳定的A先生价值更高。如果从风险的角度考虑，A先生的信用度确实更高。

但是，如果从"现金流量的时间价值"的角度考虑，B先生的价值其实要高于A先生。

实际上，在金融世界中，金钱的价值会随着时间的推移而**逐渐减少**。

也就是说，一年之后的100万日元，其价值要低于现在的100万日元。

我们可以用"利率（折现率）"来解释其中的原因。

如果我们在银行存入100万日元的定期存款，利率为1%，那么一年之后，就可以获得1万日元的利息，连本带利一共是101万日元。

那么，如果我们要在一年后取出100万日元，现在应该存入多少钱呢？我们这里省略具体计算过程，直接给出答案——需要存入990099日元。也就是说，如果在银行存入990099日元的定期存款，利率为1%，一年之后才能取出100万日元。

这也就表示，一年之后的100万日元，在现在的价值只有990099日元。

如果你的折现率是7%，则10年后才能到手的200万日元，现在只值100万日元。

因此，现年35岁的A先生，在退休之前还可以工作30年，虽然他在这30年间可以创造出10亿日元的现金流量，但这10亿日元不会全部变为他的价值。我们必须考虑这10亿日元现在的价值是多少，换言之，就是需要考虑这10亿日元应该打多少折扣。这就需要运用折现率。

"什么时候赚"比"赚多少"更重要

在金融世界里，"什么时候赚"与"能赚多少"至少同样重要。我们可以将价值与时间的关系套用到身边的工作中进行思考。

　　A. 将100日元购入的商品以110日元的价格售出，货款一年之后收回。

　　B. 将100日元购入的商品以109日元的价格售出，货款一个月之后收回。

A、B两种销售模式，哪一种赚取的利润更多呢？

A 的利润是 10 日元，B 的利润是 9 日元，单从收益的角度考虑，A 模式似乎盈利效果更佳。

但如果从收益率的角度思考，结果便会截然相反。

A 模式是 100 日元购入的商品在一年之后变为 110 日元，收益率是年 10%。而 B 模式是 100 日元购入的商品在一个月之后变为 109 日元，收益率是月 9%，换算成以年为单位，就是年 108%。从收益率的高低来看，B 模式无疑取得了压倒性的胜利。

我们在提高自己的现值（PV）时，收益率的概念非常重要。

收益率的概念，简单来说，就是 **"如果可以尽快取得现金流量，我们的价值就会提升"**。

如果真能按照日程表的安排完成工作，我们会得到非常大的好处——提高自己的价值。注重工作的质量高低和结果好坏自然非常重要，但如果过于讲究，没有按时完成，就很可能会大大削减我们的价值。在工作中任何人都没有办法做到完美。即便我们自己对结果稍有不满，但如果可以达到公司的标准，就应该停止纠结，立即结束这项工作，投入到下一项工作中。

我并不是要大家在工作时敷衍马虎。日本人对待工作基本都非常认真，很少会在工作的质量问题上妥协，这是日本人的美德。但有些时候，这种美德也会出问题，如果过于注重结果，有时会降低我们的信用度。

"时间就是金钱"，说的就是这个道理。

别用"领时薪"的心态工作！

简单来说，带着收益率的意识去工作，就是**要给工作制定一个"时间轴"，工作时能有效控制时间。**

例如，做同一件工作，有些人动作迅速，一个小时就可以完成，也有人需要两三个小时才可以结束。

即使不用收益率的概念来解释，大家也应该都知道，做相同的工作，自然是越快越好。但是有些人的观点却恰好相反。

他们为之骄傲的不是工作的成果，而是做这件工作所花费的时间长度："那个家伙只做了一个小时，而我却可以做三个小时，我真了不起。"

如果是短期的打工，这种想法或许没什么错。花费一个小时做完工作，只能拿到一个小时的时薪，但如果花费两三个小时完成工作，就可以拿到更多的时薪。

但这种想法并不适用于公司的正式员工。无论是从预期现金流量的观点还是折现率的观点来看，在一件工作上花费不必要的时间没有任何好处。如果我们希望在企业中获得好评，就需要抛弃过去"时薪"的评判标准，时刻谨记要做收益率高的工作。

换言之，对于公司而言，员工在工作上花费的时间就是成本。这一成本包括两层内容，一是"支付给员工的工资"，二是"现金流量时间价值的减少"。

长时间加班也是没有时间概念的人的特征之一。但绝对不加班也是不正确的，加班分为"被允许的加班"和"被禁止的加班"两种。

"被允许的加班"是指目标明确的加班，例如"今天要一直干到这件工作完成为止"。而"被禁止的加班"是指为了加班而加班，例如"今天要工作到几点钟为止"。

想要提升自己的价值，就必须要有学习和休息的时间。为了挤出时间来学习和休息，就必须果断拒绝后者那种无意义的加班。

话虽如此，但有时候可能很难做到这一点。因为世界上还存在一种公司，它们认为加班是一种美德。

我之前工作过的一家支行就有这样一条毫无道理的潜规则——如果隔壁那家对手银行的灯没有全部熄灭，我们就不能下班回家。因此，员工们被迫连续多日一直加班到将近深夜十二点。当时我刚刚入职，工作量并不大，所以就只能把同一份文件写了又删、删了再写，以此打发时间。

这种情况真的非常痛苦。如果需要做的工作很多，加加班还可以忍受，但明明没有什么要紧的工作，却还被要求"要加班到几点"，这无疑就是地狱了。

现在的银行应该不会再做这种愚蠢的事情了，但还是有很多公司不太喜欢员工拒绝加班。在这些公司中，如果有人先下班回家，他可能就会遭人白眼，也许还会被认为工作不认真。

但我认为，即便如此，我们也不应该去做无意义的加班。如果我们已经把今天需要完成的工作做完了，就应该把这个信息传递给上司和同事，然后迅速下班回家。刚开始这样做的时候，可能会感到有些尴尬，但一旦大家都已接受"他就是这样的人"，我们就会非常轻松。

但要想确立这种形象，需要满足一个大前提，即我们能够高效地完成当天的工作。没有完成当天的工作量却早早下班回家，这种情况不在上述讨论范围内。

当天工作完成了就早早回家，这句话背后的含义就是，如果当天工作没有完成，即使是加班到深夜，也要把它做完。这就是控制时间。

把目光放长远，就能赢得信赖

如果我们想在将来持续稳定地创造现金流量，以此赢得别人的信任，而不是做一锤子买卖，那就必须带着长远的眼光去工作。如果只顾眼前的利益，可能就会因此痛失未来本能创造出的更大数额的现金流量。

例如，销售人员为了完成当月的销售任务，软磨硬泡地让顾客购买自己的商品。任何一家公司应该都有这样的现象发生。

这种做法的确可以暂时提升销售额，但这种带有强制意味的交易会招来灾祸，顾客会因此降低对销售人员的信任。这笔交易完成后，下个月的销售额就会是零。这就是我所说的被眼前的利益迷昏了头，最终痛失将来的现金流量。

站在时间价值的角度考虑，从短期视角出发关注眼前利益，尽早赚取现金流量固然要紧，但若想要提升信用度（降低折现率），带着长远的目光工作更加重要。

真正能够获得高评价的人，可以同时确保现金流量的"速度"与"稳定"，但如果必须两者择其一，还是"稳定"更加重要。

我们还要带着"职场人士"这一身份走很长一段路，所以希望大家都能够努力成为有信用的人。

得到信任与好评的都是"诚实的人"

我本人绝对不是一个无可指摘的人，私下里也会撒个小谎，还喜欢开开玩笑戏弄一下别人。但即便是这样的我，也时刻谨记着绝对不能在工作中撒谎。这并不是因为我有着崇高的信念，而是因为在工作上撒谎会付出巨大的代价。

我认识好几个人都因为一时鬼迷心窍撒了谎，最终毁掉了自己。

我在外资证券公司工作时就遇到过这类情况。

我当时手下管理着几位交易员。交易员的工作就是利用公司的资本买卖美元、欧元等外汇，赚取利润。我的工作就是每天确认他们每个人买卖了多少美元，汇总和统计交易员们的外汇头寸（外汇持有额的盈亏状况）。

但是有一天，我算了好多遍账目还是对不上。实际买入的美元数额远远超过了交易员们上报的数额。我询问是否有人购买了美元忘记上报，但没有人承认。

我突然想起了一件事。

当天美元价格暴跌，很多购买了美元的交易员都出现了亏损。交易员有止损点的限制，即一旦亏损达到一定的程度，当月就不能继续进行交易。如果一个交易员连续触及止损点，就会被公司开除。我猜测，应该是某个交易员害怕自己的业绩出现止损点，隐瞒了购买美元的事实。

事实也的确如此，我很快就知道了犯错的那个人是谁。虽然他本人声称自己只是忘记了上报，但这种幼稚的借口根本不足以令人信服。结果，他因此被公司辞退。虽然业绩中出现了止损点有一定的影响，但最终导致辞退的决定性原因，还是他隐瞒了自己的外汇持有额。他不仅给公司造成了损失，还撒谎隐瞒，两件事加在一起，根本没有酌情减轻处罚的可能。

即便没有说过这么明显的谎话，我们每个人应该也都在某种程度上欺骗过别人，或是说过一些模棱两可、暧昧不清的话。

例如，对于客户的一些要求，我们心中明明知道绝对办不到，但还是会用一句"我们会认真考虑的"蒙混过去。这种行为无疑也是一种欺骗。

客户满怀期待地认为自己的要求可能会被满足，当被告知要求无法实现时，之前的期望有多大，失望就有多大，还会认为接待自己的工作人员说话没有信用。

能够获得他人信任的，往往是那些诚实的人，这在日常生活中是理所当然的。从金融角度来讲，诚实的人的风险也会比较小。

诚实的人会将一些不方便的事情认真地告诉对方。

站在公司的角度来看，这样做也可以规避说谎造成的"将来可能出现的损失"。

越是不顺心，就越要控制情绪

我之前在公司上班的时候，遇到过一位情绪变化非常大的上司。他心情好的时候对待下属特别大度，但如果在个人生活中遇到什么不开心的事情，就会情绪大变：不是一脚踢飞办公室的垃圾桶，就是因为一些琐事大发雷霆。因此，下属们在工作的同时还得观察他的脸色，判断他今天的心情如何，压力特别大。

心情好的时候对人态度温和，这并不是一件很难的事情，每个人都可以做到。真正能够体现出一个人本性的，是他陷入逆境时的表现。

没能完成销售目标、下属没能成功完成任务、时间紧而工作量极大……当人们遇到这些状况时，往往就会忘记维持自己的外在形象，暴露丑态。

"我现在工作特别辛苦，没办法维持那么好的形象，大家应该也能够理解。"如果你有这种想法，就大错特错了。周围的人都在冷静地观察着你。即使你的遭遇非常值得同情，但那些不光彩的行为还是会真切地留在旁人的记忆中。

我们释放出的信息常常会成为别人评判的对象。因此，即使我们心中满是愤怒与焦虑，也不能表现出来。**要时刻铭记，越是身处逆境，就越要控制情绪。**

平日里，我们要注意别人的目光，控制自己对外释放的信息——这样做最终会提升我们在旁人心目中的评价。

一心求稳，意味着丧失机遇

有些人为了降低自己的折现率，会采取措施确保现金流量的稳定发展。长此以往，他们就很容易陷入一心求稳的工作状态，过分地规避风险。

只防守不进攻的人做不成生意。为了促进公司与自我的成长，我们必须洞察机遇，主动出击。

例如，公司决定上马一个新项目。如果发展顺利，预计可以获得高额利润，但如果项目失败，也很可能会造成大额的损失。项目虽然有难度，但价值很大。

公司会将这份责任重大的工作交给折现率低的员工负责，而不会选择那些平时工作就令人不放心的员工。

但是，折现率低的人有两种。

一种人只是不愿从事有风险的工作，以期获得较为稳妥的工作成果。

另一种人勇于挑战风险，他们有成功也有失败，最终获得超出目标收益的利润。

后一种人折现率的绝对值并不低，但在公司看来，他们折现率的相对值较低。

这种赌上整个企业命运的高风险项目，公司绝对不应交给一心求稳的员工来负责，即便他的折现率数值极低。

那些可以在掌控风险的同时做出成果的人，就如同驯养猛兽的驯兽师，是真正有价值的人。公司自然会想将项目交予这些能够尽量减少风险的人负责。

如果机遇出现在我们身边，就不要担心风险过剩，勇敢地去接受挑战，如此必会获得公司的倚重，承担越来越重要的工作。

有时，冒险是必要的

"如果现金流稳定，风险（不确定性）就会降低。"

"如果风险降低，折现率也会随之降低。"

"如果折现率降低，价值就会升高。"

以上就是金融领域的大原则。本书也是基于上述观点，集中阐述了如何降低风险、缩减折现率。

但是，一味地回避风险未必就是正确的做法。更确切地说，如果不承担任何的风险，我们的工作就不会有任何的成长。

例如，软银之所以能够成长为今天这样兼具赚钱能力与信用度的企业，就是因为总裁孙正义积极承担风险。

完全不承担任何风险，就好像是将企业所有的资金都存成定期。这样一来，企业不用承担任何风险就可以获得利息，但如果全日本的经营者都这样做，日本这个国家就会崩溃。

积极承担风险，促进经济增长，这是企业经营者的义务。

不只是企业经营者如此，企业的员工也是一样。躲避一切风险，始终采取明哲保身的行动，是没有办法促进自身成长的。

那么，我们应该在什么时候去承担风险呢？

实际上，风险也有两种："可以承担的风险"与"不可承担的风险"。

"可以承担的风险"是指那些我们可以清楚了解"干得好可以赚多少，最坏的情况会赔多少"的风险。知道了这一点，就可以将风险与收益放在天平的两端，判断是进是退。

例如，有一个项目，推进顺利只能赚取100万日元，但如果失败，却会亏损5000万日元。这样的项目就不应该着手去干。

考虑损失最大能有多少，如果收益高于风险，则投资，这是一条金融铁则。

本书第1章中出现过的英语会话学校的例子也符合这一铁则。当我们犹豫是否要投资100万日元报名这家英语会话学校时，如果可以预见未来工资的涨幅会超过100万日元，那就应该投资。

向上司提出新的提案时，牢记这一条铁则会令我们的建议更具说服力，同时它也会成为我们失败时的一道保险。

我们可以向上司说明："我们进行这一计划，最坏的结果只会损失这么多，但如果进展顺利，则可以赚取这么多的利润。"上司听到这些话，也会比较容易同意这个建议，即使项目失败，由于我们已经提前将风险信息告知众人，因此不必一个人承担所有的责任。

别怕人生折线图的剧烈震荡

大家都认为，最近的年轻人非常保守。他们并不期待取得大的成就，也就不会去冒险。只要不被解雇，工资差不多过得去就好。

这样的人生之路最为平坦。每天在同一时间起床，搭乘同一班电车去上班，漫不经心地做着工作，下班后直接回家，总是看着相同的电视节目，总是在相同的时间上床睡觉。

这样的人生是否可以称作充实呢？

充实的人生，并不一定就等于没有任何风险的人生。

这是判断人生的价值与判断企业的价值唯一不同的地方。

"人生的妙趣在于享受某种程度的风险。"这句话真是妙极。

一个人的人生无论表面上多么平坦顺遂，背后都有属于自己的万丈波澜。

既有春风得意时，也有艰难困苦日。这是我们选择承担风险，经历各种成功与失败的印证。

一直沿直线从起点走到终点，所经过的距离最短。但是实际上，我们在到达终点的过程中总会走一些弯路，有时我们走过的路程会是最短距离的好几倍。

我认为，这样的路程才是人生真正的妙趣所在。

在有限的生命即将结束时，更能体会到自己曾经真真正正生活过的人，无疑是那些拥有曲折人生的人。

因此，我推荐大家在生活与工作中勇于承担风险。我希望大家度过的不是平坦却无聊的人生，而是经历过成功与失败，既有巅峰也有低谷的充实人生。

我在前文中曾写道："承担风险是企业经营者的义务。"这句话不只适用于企业经营者，我们个人也是如此。

不畏风险，勇于迎接挑战，为下一代建设更加富足的社会——这是我们每个人的义务，也是我们每个人的使命。

终章

我作为金融专家从事着评估企业价值的工作，同时也在学校MBA专业课和一些企业研修活动中讲授金融知识。然而实际上，我与金融这门学科结缘的时间并没有那么早。

　　大约十年前，我从外资企业辞职，任性地开始了提前退休的生活。就在那个时候，我遇到了"金融"。一位朋友邀请我到格洛比斯MBA商学院授课，当时我也比较闲，就爽快地答应去帮帮忙。

　　但是朋友可能有一些误解，他问我要不要做公司金融学（corporate finance）的讲师。我之前在外资公司从事与金融衍生品相关的工作，所以他理所当然地认为我对金融非常了解。

　　"公司金融学"是一门关于企业价值评估方法的学问，它和我的专业领域金融衍生品完全不同。在金融机构中，尤其是专业划分非常细致的外资金融机构中，外汇、债券、股票等都有专门的部门负责，各部门间基本上不会发生调动。因此，我在自己窄窄的专业领域钻研得非常精深，但对于"公司金融学"只是大致了解，严格来说并不专业。

但我的朋友完全没有意识到这一点，事已至此我也很难推辞说自己并不精通公司金融学。正在我左右为难的时候，学校那边决定要我在相关工作人员面前进行一次试讲。

我这才开始慌慌张张地恶补自己欠缺的知识。我购买了许多金融相关的专业书籍，废寝忘食地学习，努力把那些知识都塞进脑子里。没想到试讲时大家对我的授课评价极高，说我的讲解"通俗易懂"，于是我就被聘为了学校的正式讲师。

现在回想起来，还真是为自己捏了一把汗。不过，我确实借着那次机会踏入了金融世界。创业后，公司金融学甚至成了我的主业。

接触了金融之后，我的世界发生了天翻地覆的变化。手握金融这把万能的标尺，我注意到了许多之前忽略掉的事情。多亏了金融知识，我才了解到执着于升迁这种相对性评价有多么傻气，才明白追求眼前的现金利益有多么愚蠢。这些发现令我捶胸顿足，后悔不已。如果能够再早些遇到金融这门学问，我的人生应该会更加精彩。

于是，我就写出了这样一本书。用金融视角提高自己的现值（PV）——希望大家可以做到我年轻时没能做到的这件事。

写作时，我基本将二三十岁的年轻白领作为自己的读者群体，但四五十岁的读者从现在开始改变也为时不晚。我也是在四十岁出头才着力了解金融知识，现在我已五十多岁了，每天还是在坚持学习，努力提高自己的价值。

我们为了提高自身价值而付出的努力绝不会背叛我们。只要努力，就一定会有所成长。

例如，小学男生之间会有一些等级排名，次序基本是由跑步的快慢和打架实力的强弱来决定的。跑步的快慢和打架实力的强弱很大程度上是由先天性的体质和能力所决定的，个人再努力，也很难有大的改变。

但是职场人士却不同。在具备金融思维的基础上勤于钻研，个人价值就一定会有提升，公司的评价也自然会随之升高。职员要获得公司的高评价，比起在小学班级内获得第一名要简单得多。

要想提升自我价值，在打好基础之后就需要积极地挑战风险。挑战往往伴随着失败，当你在决策是否要承担风险时，从本书学到的金融思维习惯一定会有帮助。

当然，我本人今后也会积极果敢地去承担风险。

我的公司会启动一个新的项目，为计划创业的年轻人提供些许帮助，这也是我需要承担的风险之一。我在可以承受的范围内对创业公司进行投资，并为投资过的公司提供一些建议。创业风险投资常常会血本无归，风险极高。虽然我本人已经没有能力再次创业，但我愿意与同样想要创业的年轻人一起体验创业的惊险与刺激。

对我而言，这就是最好的抗衰老法。

我们很难控制自己寿命的长短，但却可以改变自己所能感受到的生命的长度。平坦顺遂、无甚大过的人生如白驹过隙，而大起大落、跌宕起伏的人生，则更加充实绵长。

就这种意义而言，我们不妨把大挫折、伤心事看作令人生更加丰富的重要因素。在日本，有句话说："年轻人，哪怕是花钱买，也要多吃吃苦。"把吃苦换成风险也能行得通："年轻人，哪怕是花钱买，也要去承担风险。"

希望大家都可以勇敢地挑战风险、享受风险。

出版后记

诚然，人的价值并不能简单地用金钱来衡量。然而，没人能够否认劳动力市场的存在，至少在职场上，劳动者的价值是可以用金钱来客观标示的。一个员工能为公司赚到的钱越多，他的价值就越大。那么，我们作为员工的价值具体应如何衡量？我们又该如何有效提升自己的职场价值呢？

本书作者野口真人在金融界打拼多年，先后在瑞穗银行、摩根大通、高盛任职，自主创业后共为2000多件企业并购案估值。"现值（PV）=未来现金流量的平均值（CF）÷折现率（R）"是评估企业价值的黄金公式。野口真人发现，职场人士的价值也同样可以用这一公式估算出来。按照这一公式，员工的价值与其职位、工资无关；真正"值钱"的，是在未来能够稳定地为企业创造大量现金流量的人才。本书以"黄金公式"为纲，试图用金融思维和职场上的常见案例来指导职场人士的进阶之路，解答我们在择业、跳槽、进修、升职、职场交往等方面的决策难题。

任何资产都有贬值的风险，只有人才有可能不断升值。在这个瞬息万变的时代，提升自己未来不可替代的价值已成为每个职场精英无法回避的问题。只有活用金融思维，你才能找到赢得未来的基本方法，让自己活得更有底气。

图书在版编目（CIP）数据

精准努力 / (日)野口真人著；谷文诗译. -- 北京：
九州出版社, 2022.11

ISBN 978-7-5225-1052-1

Ⅰ.①精… Ⅱ.①野… ②谷… Ⅲ.①成功心理—通
俗读物 Ⅳ.①B848.4-49

中国版本图书馆CIP数据核字(2022)第119509号

著作权合同登记号 图字 01-2022-3877

精准努力

作　　者	［日］野口真人 著　谷文诗 译
责任编辑	李　品　周　春
出版发行	九州出版社
地　　址	北京市西城区阜外大街甲35号（100037）
发行电话	（010）68992190/3/5/6
网　　址	www.jiuzhoupress.com
印　　刷	天津中印联印务有限公司
开　　本	889 毫米 × 1194 毫米　　32 开
印　　张	5.5
字　　数	95 千字
版　　次	2022 年 11 月第 1 版
印　　次	2022 年 11 月第 1 次印刷
书　　号	ISBN 978-7-5225-1052-1
定　　价	49.80元